はじめに

本書は、香川大学プロジェクト研究として行った「浅海域の瀬戸内海研究」(平成18･19年度) および、「干潟を含めた浅海域の生態系研究」(平成20・21年度) の成果を中心にして、香川大学全学共通科目・高学年向け主題科目「瀬戸内海の浅海環境」の講義テキストとしてまとめたものである。

私達が、普段目にする瀬戸内海は、わが国のみならず、世界においても比類のない美しさを誇る内海である。その美しい海を次世代へと継承するためには、我々が瀬戸内海の環境に対する理解を深めることがその第一歩である。

瀬戸内海においては、これまで多くの環境研究が実施されており、その成果は既に幾つかの出版物にまとめられている（例えば、『瀬戸内海の生物資源と環境』岡市友利・小森星児・中西 弘編）。従って、大きな器としての瀬戸内海研究は一定の成果をあげて一段落しており、今後は、特に干潟域も含めた浅海域としての瀬戸内海研究が必要であると著者らは考えている。

そこで本講義では、私たちの研究グループで得られた研究成果を紹介しつつ、浅海域の生物生産環境について、あるいはその保全策について考えてみたい。

多田　邦尚

目　　次

第１章　瀬戸内海の浅海環境が抱える問題

多田　邦尚

第1節　瀬戸内海の現状

瀬戸内海は過去の高度経済成長期には、重工業化と特定地域への人口集中化、生活環境整備の立ち遅れなどのため著しく富栄養化が進行し、赤潮の多発、貧酸素水塊の発生などの状況から「瀕死の海」と呼ばれるまで環境が悪化していた。1973年には瀬戸内海環境保全臨時措置法（後に、特別措置法と改称。いわゆる瀬戸内法）が制定され、その後、水質を中心に環境改善の努力が続けられ、その結果、水質はかなり改善されたと言われている。実際に当時から現在までの連続した栄養塩濃度の変化等のデータセットは無いが、赤潮の発生件数が瀬戸内法制定当時の1/3にまで減少した事実から考えても、現在では、その水質はかなり改善され、瀬戸内海の水はきれいになったと言える。しかし、一方では、イワシ類やアサリ等の漁獲量は低迷を続け、特にここ数年では、養殖ノリの収穫期である冬季に栄養塩が不足してノリが色落ちするという問題が起きている。

図1-1は、環境省（当時の環境庁）が出した図を著者の研究室で一部改変したものである。高度経済成長期以前の瀬戸内海は水質も生物量も良好だったが、高度経済成長期以降は工場排水などで富栄養化が進み、その環境は悪化し、その水質と生物量は著しく低下した。そこで、水質と生物量を高度経済成長期以前の状態に戻すために、瀬戸内法が施行された。しかし、施行から約35年が経過した今、その現状は、水質は良くなったものの、生物量は高度経済成長期以前に戻るどころか、さらに悪化してしまった。

水質改善を図れば、魚の種類も量も増えるはずだったのが、何故こんなことになってしまったのだろうか？この理由としては、干潟・藻場が埋め立てにより消失したこと、および、海岸線が護岸工事等によって変化したことによると考えられる。干潟・藻場といった浅場は、海のゆりかご（魚の産卵場、幼稚魚の育成場）として、あるいは、生物による自然浄化の場として重要である。従って、いくら水質が良くなっても、魚が卵を産みつける場所や、魚が幼稚漁期を過ごす場がなくなってしまっては、魚の種類も量も増えることはないのである。

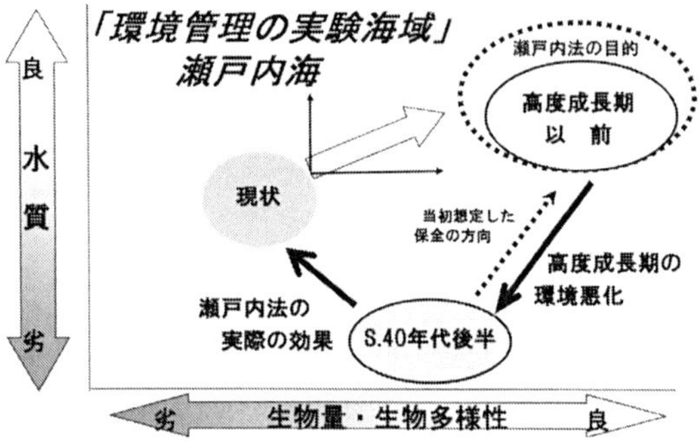

図1-1　新たな環境保全・創造施策のイメージ
（環境省の図を改変）

瀬戸内海の水質改善に大きな役割を果たした瀬戸内法が制定されて既に35年以上が経過し、単に水質のみの改善を目標とした時代は終わりを告げ、今、新たな海域保全の方策が求められている。我が国の代表的な閉鎖性海域で、「巨大な環境管理の実験海域」とも言われる瀬戸内海の環境保全・修復を実施するために、まず、第一歩として、この海の現状を正しく把握することが大変重要である。

第2節　ノリの色落ち問題

瀬戸内海東部に位置する兵庫県・香川県沿岸域は、有明海に次ぐノリ養殖の盛んな海域である。四国の玄関口である高松港周辺には冬季にノリ網がはりめぐらされ、冬の風物詩となっている。しかしながら、近年はノリの色落ちが頻繁に起こり、2002年度漁期には香川県沿岸で大規模なノリの色落ち被害が発生し、ノリ生産量は平年の６割にまで落ち込んだ。ノリの色落ちとは本来黒色であるノリの色が薄くなり、色落ちが著しい場合には薄茶色から黄色になる現象を指すが、瀬戸内海の場合、この色落ちの原因となるのは特に窒素源である硝酸塩濃度である。ノリの色落ちが深刻であった2002年度の香川県の漁期の生産額を、地域ごとに平年比を求め、平年比の90%以上、60～90%、30～60%、および30%未満の四つに区分して見てみると、色落ち被害が特に深刻で生産額が平年比の30％未満の海域は、小豆島北部および南西海域に限られており、香川県側のノリ漁場ではおおむね平年比60％以上の海域が多いことが判明した（図1-2）。一方、この海域の塩分と硝酸塩濃度の水平分布は、図1-3に示すとおりであり、色落ちの被害が深刻であった2002年漁期には、海域全体を高塩分で低硝酸塩濃度の水が覆っていた。一方、梅雨の時期の同海域の塩分と硝酸塩濃度の水平分布を見てみると、岡山県側の旭川・吉井川河口の岡山水道から沖合いにかけて、低塩分で高硝酸塩濃度の海域があり、色落ちが深刻であった小豆島方面に向かって広がっていた（図1-3）。ノリは、多くの降水量によって陸域から栄養塩を豊富に含んだ淡水が海域に供給されることにより、その生産量が増加すると考えられる。事実、ノリの生産額とノリ漁期の積算降水量との間には良い相関が認められる。ノリの色落ちが深刻であった2002年度の特徴としてあげられるのは、降水量が平年に比べて少ないことであった。従って、この年の色落ち被害のメカニズムとしては、以下のように考えられた。即ち、ノリの色落ちが深刻であった小豆島北部・南西海域は、旭川・吉井川河口域（岡山水道）からの河川水の影響の強い海域であり、少雨により十分な河川水が流入しなかったことが、この海域のノリ色落ち被害が他の海域よりも大きかったものと推察された。更に、このことを数値モデルを用いて検討した。実際に観測を行ったのと同じ海域を対象として、３次元マルチモデルを用いて潮流計算およびオイラー・ラグランジュ法による栄養塩輸送の追跡計算を行った。瀬戸内

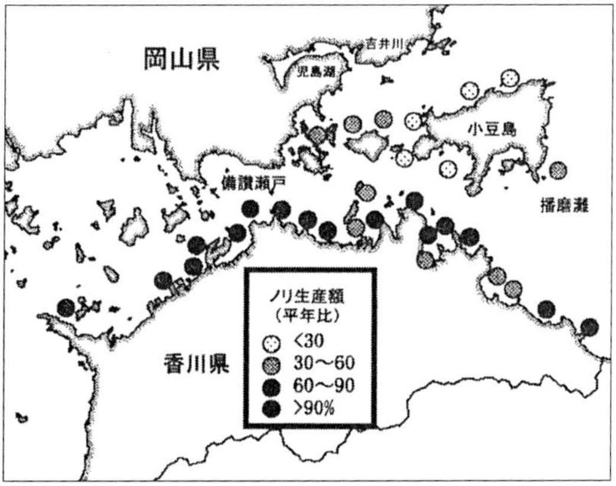

図1-2　2002年度のノリの生産額（平年比）の水平分布（松岡ら2005）

海ではノリの養殖期である冬季に強い西風が吹き、岡山水道からの流入した栄養塩も、この西風の影響を強く受ける。数値実験において、西風が無ければ流入した栄養塩はほぼ真南に南下するが、モデル上で西風６m/secを与えるとノリの色落ちの被害が深刻であった海域へ輸送されることが明らかとなった（図1-4）。即ち、小豆島北部・南西海域は、冬の西風のために岡山水道から流入した河川水の影響を受けやすい海域である。よって、小豆島北部・南西部海域でノリの色落ちが特に甚大であったことは、少雨により河川水の流入が少なく、平年ならば、西風により輸送されてくるはずの栄養塩の十分な供給がこの海域に無かったことが主な原因と考えられた（星野ら2006）。

今後、瀬戸内海のノリ不作問題は、単なる気象条件による栄養塩不足としてだけ捉えるのではなく、瀬戸内海の気象条件を含めた水質の現状

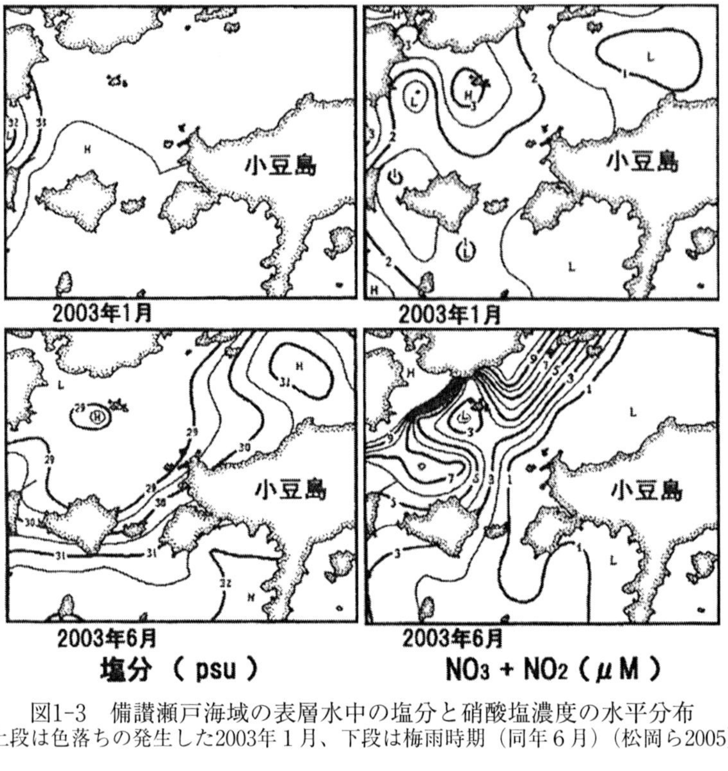

図1-3　備讃瀬戸海域の表層水中の塩分と硝酸塩濃度の水平分布
上段は色落ちの発生した2003年１月、下段は梅雨時期（同年６月）（松岡ら2005）

と環境管理の問題として検討してゆく必要があると考えられる。

第3節　海砂利採取問題

瀬戸内海では、高度成長期以降約30年にわたって、海砂利採取が行われてきた。採取された海砂はコンクリート骨材等の土木建築用材料として、また、農業等の分野でも利用されている。西日本では東日本と比べて陸砂利や山砂利の存在量が少ないこともあり、瀬戸内海では、備讃瀬戸、三原瀬戸、伊予灘を中心に全国の海砂利生産量の７割にも及ぶ大量の海砂利が毎年採取され続けてきた。しかし、一方では、この海砂利採取に伴う水質・底質、地形、生態系等環境への影響が問題とされた。また、そもそも採取された海砂は瀬戸内海誕生以降に潮汐流による海底浸食によって生産されたものであり、化石資源的な要素が強く「掘ればなくなる」性格のものである。このようなことから、すでに、広島県では1998年に、香川県、愛媛県でも2005年には海砂利採取を全面禁止とした。

海砂採取による環境への影響は大きく二つに分類できる。即ち、第一

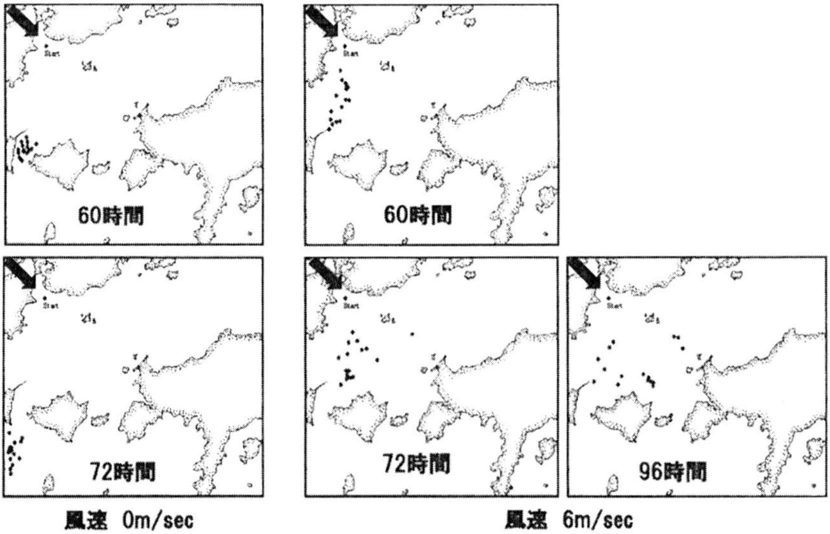

図1-4　数値モデル実験結果　左が風速０m/sec、右が６m/secの場合
→ の部分が栄養塩添加場所、●がそれぞれの時間後の移動場所（星野ら2006を改変）

には直接的な海底の掘削による砂層の消失や海底地形の変化であり、第二には海砂採取の際に採取船から排出される微細粒子による濁りの影響である。第一の海底の掘削による砂層の消失は、砂地を生息場所とするイカナゴ等の生物量減少、あるいは海底の掘削による海底地形変化が流況に及ぼす影響という点で重要な問題となる。一方、第二の海砂採取船から排出される濁りの影響については、濁りの拡散と海水の透明度の低下が問題となる。海砂採取はほとんどが水中ポンプを用いた採取船によって行われ、海水とともに汲み上げられた砂は数回篩にかけられた後、貯砂槽に収容され、砂よりも小さな粒子は汲み上げられた大量の海水とともに船外に排出される。この濁りによって周辺海域の透明度が低下し、植物プランクトンや海草の光合成を阻害することが懸念される。しかし、実際に海砂採取船から排水される高濁度水中の粒子が沈降するのにどのくらいの時間を必要とするのか、あるいは、高濁度水中の粒子がどの程度の時間で、どの程度の範囲にまで拡散するのかについての調査・研究は極めて少なく、よく分かっていなかった。この節では、特に、海砂利採取に伴って発生する濁りによる影響という観点から、海砂採取時の濁水の挙動について述べる。

著者らは、海砂利採取船から排出される高濁度水中の微粒子のサイズとその沈降速度について、実際に高濁度水を採取し室内実験を行うとともに水質分析を行った。実験により得られた高濁度水中の粒子の沈降速度は、0.15 ～0.77 m/day で平均0.43 m/day であった。また、そのサイズ組成は0.4～10 μm の粒子が全体の粒子の約50%を占めていた。即ち、高濁度水中の微粒子のサイズは小さく、その沈降速度も海水中に存在する種々の生物、非生物粒子よりも小さいことが明らかとなった。高濁度排水中の微粒子の拡散状況は簡単な数値モデルで計算することができる。ここでは、鉛直断面２次元モデルを考える。計算結果を図1–5に示した。排出終了時点（４時間後）には影響範囲は水平的に約３km、鉛直的に約５mにまで拡がっている。その後、時間が経つにつれて、影響範囲は水平・鉛直的に拡がり、排出開始から20時間後に最大（水平4.4

km、鉛直 10 m）となった。その後、影響範囲は徐々に小さくなり、排出開始後38時間以降に消滅した。このように数値モデルの計算結果は、高濁度排水の影響は海砂採取船の稼動時だけの一時的なものではなく、少なくとも数十時間は付近の海域にその影響が及ぶことを示している。

さらに、著者らは海砂採取船から排出された濁水等をX線マイクロアナライザー（EPMA）という装置を用いて濁水の化学組成を調べた。EPMA分析は、エネルギー分散型X線分光器（EDS）による定性分析である。その結果、海砂利採取船から排出される高濁度水はケイ素（Si）とアルミニウム（Al）に富んだ粒子であり、海砂利採取が行われていない海域の化学組成とは大きく異なっていた（図1-6）。さらに、海砂利採取の約１日後の現場の海水中の粒子もSiとAlに富んだ化学組成をしていた。このことは、沈降速度の小さな高濁度水中の微粒子が、操業の翌日にも現場の海域に留まっていることを示している。これは先に述べた、濁水中の粒子の沈降速度が非常に小さいこと、さらに、前述の数値モデルにより、数十時間は付近の海域に高濁度排水の影響が及ぶとの計算結果が得られていることとよく一致している。

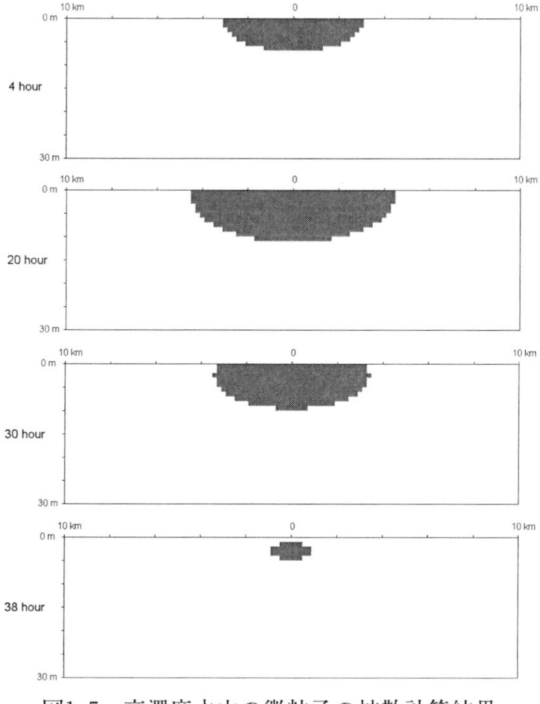

図1-5　高濁度水中の微粒子の拡散計算結果
（橋本ら2006）影の部分は、浮遊懸濁物濃度が
5.0 mg/ℓ以上の部分を表す。

過去、備讃瀬戸の海砂採取域に近い海域のアマモ場において、ア

マモ葉上に付着している粒子はAlとSiを基本とした鉱物であり、この付着粒子は河川由来の粒子ではなく、海砂採取によって排出された濁水中の粒子が拡散し堆積したものである可能性が高いことが報告されている。海砂採取船から排出された高濁度水中の粒子が長く現場に留まっているとする数値モデル計算の結果および、今回のEPMAの分析結果は、この報告を支持するものである。さらに、実際に、著者らが、備讃瀬戸の海砂採取域で、海砂採取船から排出された高濁度水中の粒子の行方をコンピューターシュミレーションした結果、西風が6 m/s で吹いている場合に、周辺のアマモ場に高濁度水が到達することが明らかとなった。

海砂採取による環境への影響は今だ完全に明らかにされたとは言いがたい状況にあるが、我々が海砂採取から得た教訓は正しく受けとめて解析し、今後の瀬戸内海の環境保全に生かされなければならない。また、瀬戸内海における海砂採取は2006年に全面的に禁止されが、航路浚渫《しゅんせつ》や埋め立て工事など、海砂採取と同様に高濁度排水を伴う海洋工事は今後も続けられる。これらの海洋工事を行う場合、高濁度排水による環境への影響が最小限に抑えられるよう、十分なアセスメントが必要である。

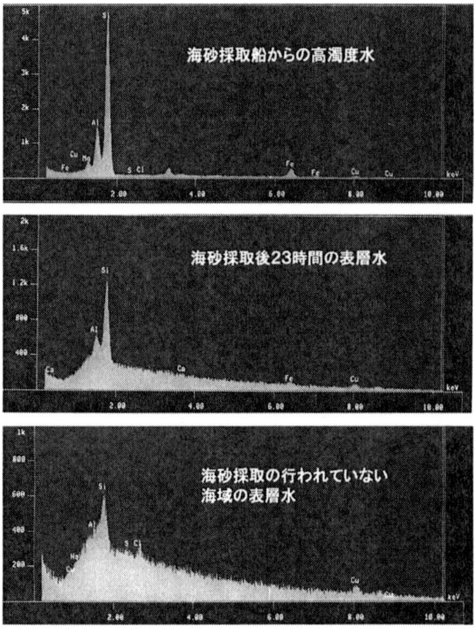

図1-6　高濁度水中の微粒子のX線マイクロアナライザーによる分析結果
（多田ら2006）

第4節　おわりに

この章では、特にノリの色落ち問題と、海砂利採取問題を例にあげて、著者らの行った研究結果の一例を紹介した。これらの研究成果がすぐに環境問題の解決につながるものではない。しかし、この研究成果を行政や一般市民に対して情報発信し、人々の瀬戸内海の環境に対する理解と関心を高めていくことが、瀬戸内海の環境問題を解決する第一歩だと信じている。この講義を聴いてくれた学生諸君ひとりひとりが、この瀬戸内海の環境について考えてくれること、あるいは、この講義を聴いてくれた人の中から将来、瀬戸内海の環境に携わる仕事につく人が出てくれることを期待している。

主な参考文献

橋本俊也・多田邦尚・和田彩香・一見和彦（2006）：海砂利採取船からの高濁度排水中の微粒子の拡散. 広島大学大学院生物圏科学研究科紀要，45, 31-36.

星野高士・松岡聡・末永慶寛・山田佳裕・一見和彦・多田邦尚・吉松定昭・藤原宗弘・堀田健治・白木渡（2006）：数値モデルを用いた備讃瀬戸東部海域のノリ色落ちに関する研究. Eco-Engineering，18, 173-180.

松岡 聡・吉松定昭・小野 哲・一見和彦・藤原宗弘・本田恵二・多田邦尚（2005）：備讃瀬戸東部（香川県沿岸）におけるノリ色落ちと水質環境. 沿岸海洋研究，43, 77-84.

多田邦尚（2008）：浅海域の生物生産環境. 学術の動向, 2008年６月号，24－29.

多田邦尚（2008）：海砂採取時の濁水の挙動. 瀬戸内海の海底環境（柳哲雄編）恒星社厚生閣. 95-104.

多田邦尚・和田彩香・一見和彦・橋本俊也（2006）：海砂利採取船からの高濁度排水中の微粒子の挙動 ― 微粒子の特性と沈降速度―. 沿岸海洋研究，43, 157-162.

門谷 茂・張 志保子（2000）：瀬戸内海の海砂利採取に伴う高濁度排水の排出による環境影響. 瀬戸内海，22, 32-36.

第２章　沿岸域における干潟の重要性

一見　和彦

第1節　干潟はどんなところか

海域では月と太陽の引力によって潮位差が生じ、およそ24時間50分に２回の干満周期を繰り返している（図2-1）。干潟はこの干満周期によって干出と水没を繰り返す非常になだらかな勾配を持つ空間である。この干潮時と満潮時の潮位差は地域によって大きく異なっており、潮位差が大きい地域ほど大きな干潟が形成されやすい。我国では一般的に西日本の太平洋側で潮位差が大きく、広大な干潟も関東地方以西の太平洋側に集中している。また、干潟のように干潮時に干出する場を「潮間帯」と呼び、潮間帯に続く浅い水深ながらも干出には至らない海域を「潮下帯」と呼ぶ。

干潟はその形成条件によって主に３つのタイプに分けられている（図2-2)。「前浜干潟」は遠浅の海や河口から沖合にかけて形成される広大な干潟であり、比較的きれいな砂質で形成されていることが多い。「河口干潟」は文字通り河川の河口部に形成され、その底質は河川から流入してくる砂泥や懸濁粒子の質に大きく左右される。また、「潟湖干潟」は河口部や海岸から入り込んだ潟に形成される。「干潟」と呼称する定義として、干出幅が100メートル以上、干出面積が１ヘクタール以上の場、とされているが（環境省)、それには満たないものの、干満周

図2-1　上空から見た満潮時と干潮時の干潟

期により干出・冠水する場も「小さな干潟」と考えてよいであろう。

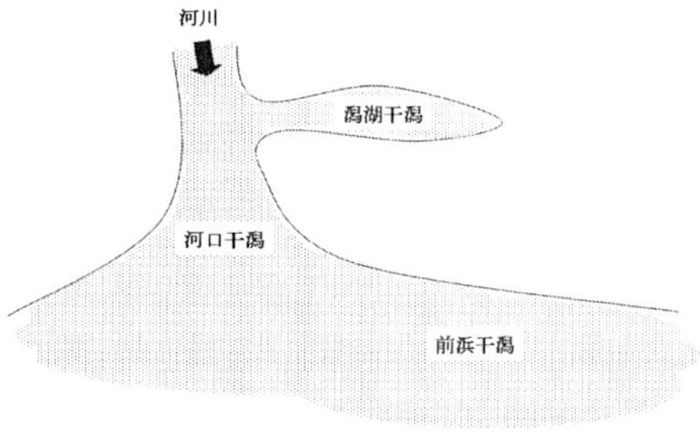

図2-2　形成場の違いによる干潟のタイプ

上述したように干潟域は陸と海の境界に位置しており、河口干潟をはじめとして、河川水と海水という異なる性質の水が出会う場である。河川という大きな水流に運搬されてきた物質が、海という流速の小さな場に到達することで水底に沈降・堆積する。淡水と海水が混じり合うと物理的な作用を受けた後に粒子が大きくなり、沈降し易くなる。また干潟に生息する生物によって水中の粒子が捕捉される。すなわち干潟域は系外から流入してきた粒子が沈降・堆積する場であるといえる。沈降·堆積するものは無機的な砂泥だけではなく、系外で生産された大量の有機物質も含まれている。干潟にはゴカイ類をはじめとした底生生物や、肉眼では確認できないバクテリアといった分解者と呼ばれる生物群が高密度で生息しており、干潟に堆積した有機物を消費·分解している。干潟が「浄化の場」と言われるゆえんである。一方で干潟は、生物多様性に富み、生物量も大きいことから、生物生産性が非常に高い場でもある。したがって干潟という環境は、高い生産性と高い分解性が隣り合い、物質がめまぐるしく変換・回転する場であるということができる。

第2節　干潟に生息する生物群

前節に述べたように、干潟は陸と海の境界に位置しており、陸域・海域双方の特徴を併せ持った特殊な環境である。すなわち、気温と類似して水温は一日の間でも大きく変動し、河口部周辺の干潟では潮汐に応じて塩分も大きく変動する。したがって、このような短時間での環境変動に対応できる生物のみが干潟域に生息することができる。干潟周辺だけに生息する希少種が見られるのも、この干潟環境の特殊性が一つの要因になっている。では、この特殊な環境特性のために干潟に生息できる生物が非常に少ないのかといえば、決してそうではない。前節でも述べたように、干潟は様々な環境の中でも、特に生物量および生物多様性の豊かな場であることが知られている。

生態系の「食う－食われる」関係を簡易に表したものが食物連鎖であり、これに各栄養段階の生物量を加味して模式化したものが生態ピラミッドである。図2-3に干潟生態系のピラミッドを示した。当然のことながら、干潟域においても他の生態系と同様に最底辺は植物によって支えられている。干潟に生息する植物にはどのような物があるだろうか。最も目に付く植物は海藻・草といった大型植物である。海草であるアマモは潮下帯で群落（藻場）を形成する代表種であり、一部が潮間帯にまで進出する。また、干潟となる潮間帯では大型緑藻であるアオサ類が頻繁に観察される。これらの大型海藻・草は一般に春季から夏季にかけて非常に大きな生物量で存在し、干潟域の一次生産者として機能している。一方で干潟の堆積物上には肉眼では見ることができない顕微鏡サイズの藻類がひしめいている。底生微細藻類と呼ばれるこの小さな植物は、アサリなどの二枚貝やカニなど、干潟に生息する大型底生生物の餌料として重要な役割を担っている。

このように干潟植物の光合成によって生産された有機物と系外から流入してきた有機物を利用して多くの大型生物が生活している。例えばカニ類の多くは干出時に干潟上に堆積した有機物を掬い取って摂食しているし、二枚貝などは堆積物から水管を出し、水中に漂う微細藻類や有機物をろ過摂食している。ゴカイ類も干潟に堆積した有機物を活発に摂食している。

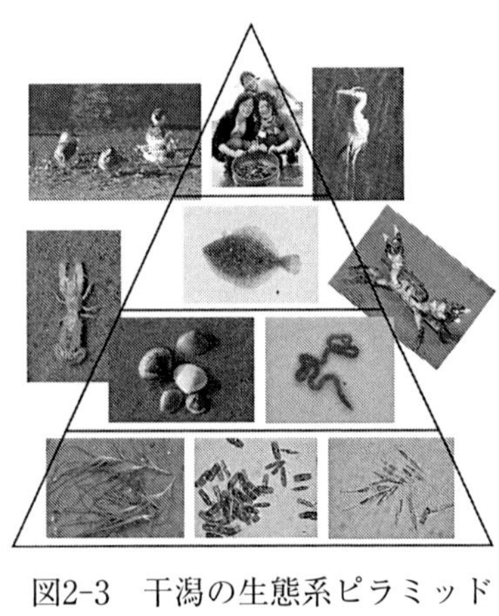

図2-3　干潟の生態系ピラミッド

さらにこれらの底生生物を捕食す

る生物として、魚、鳥、哺乳類（人）を挙げることができる。これらの生物は、干潟に生息するというよりも、干潟を採餌の場として利用していると考えた方がよい。大型の魚は冠水時に沖合から干潟域に侵入し、採餌を経て沖合に戻る。大型鳥類のガン・カモ類による摂餌の影響も大きく、我々が行った観測から、草食種（ヒドリガモ）あるいは肉食種（オナガガモ）が干潟に現存するアオサおよびホトトギスガイの数10％を越冬期間中に消費することが明らかとなっている（図2-4）。また我々人間も漁業や潮干狩りといった形で干潟を利用しており、干潟で生育した生物を干潟系外に持ち去っている。すなわちこれら干潟生態系の頂点に位置する生物群は、下位の干潟生物を消費するだけでなく、干潟に現存する物質を干潟域から取り除く作用も担っている。

干潟には非常に多くの生物が生息し、「食う－食われる」の関係で連なっている。前節で述べたように、干潟は「浄化の場」として知られているが、この浄化作用の大きさというのは、これら生物群による消費の大きさと直結している。

第3節　沿岸環境において干潟が果たす役割

沿岸環境における干潟の重要性を列記すると、①魚介類の産卵の場および幼稚魚の育成の場であること、②漁場であること、③浄化の場であ

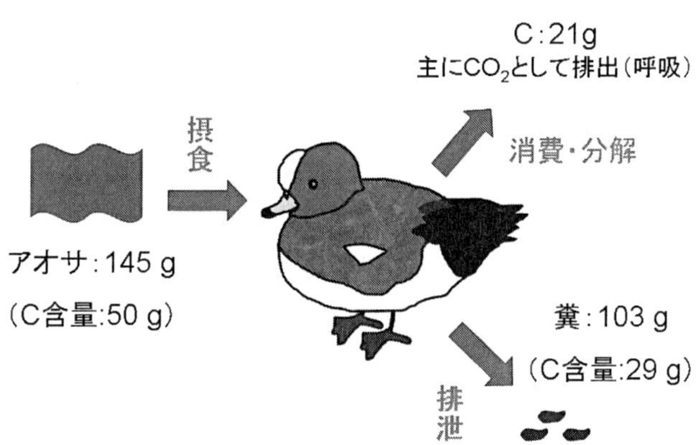

図2-4　ヒドリガモによるアオサの摂食

ること、④リクリエーションの場であること、が挙げられる。現在、瀬戸内海では魚介類の漁獲が減少傾向にあるが、①に挙げたように、産卵・稚魚が育つ場である干潟のような浅い海が減少したことがその要因の一つになっている可能性は十分考えられる。これは②も含め、沿岸域で営まれる豊かな水産業を維持していくにあたって、干潟は非常に重要な場であることを示している。また④に関しては、古来から行われている潮干狩りはもちろん、環境学習を行うフィールドとしてたいへん適した場となっている。

干潟は浄化の場であること（③）が様々な研究例から明らかにされてきたが、実は干潟生態系のメカニズムには未知の部分が非常に多く、実際に干潟域が沿岸環境にどの程度のインパクトを与えているのか、定量的に明らかにした例は非常に少ない。佐々木（1989）は、三河湾の一色干潟において窒素の流入出量について観測を行い、夏季の一色干潟が周囲の海域に対して窒素を溜め込む場であるとしているが、干潟生態系における定量的な評価として、これ以上の報告例はほとんどないのが現状である。本節では、香川県高松市に位置する新川・春日川河口干潟で行われた我々の観測結果より明らかとなった沿岸域に対する干潟の機能について紹介する。

沿岸海域の富栄養化に大きく関わる物質であるリンについて季節ごとに観測を行い、河川から調査干潟に流入する量と、干潟を経て海域に流出する量を測定した。その結果、春季から夏季には河川から流入するリンの40％～60％が干潟域に捕捉され、海への流出が軽減されていた。この干潟域への捕捉作用は、流入物質の沈降・堆積作用に加え、大型藻類による溶存態リンの吸収と底生生物による粒子態リンの摂食といった干潟生物の営みが大きく影響していると考えられる。一方、秋季以降は、春・夏季に大きかった生物群の活性が減退することから干潟域への捕捉作用が機能しない。したがってリンは海へ大量に流出し、一年間を通してみると、河川からの流入量と海への流出量は近似した値となった（図2-5）。以上の結果は、干潟が河川と海の間に存在すると、陸上から海への物質負荷に対して時間的なズレが生じることを示している。干潟に生息する生物群の営みがいかに大きいかを物語る結果であるが、この緩衝作用ともいうべき現象は、水産業という人間側の立場から見ても非常に大きな意味を持っている。リンは海域に生息する微細藻類や海藻・草類の成長にとって不可欠の物質である半面、大量に負荷されれば海域の富栄養化を促し、魚がへい死する赤潮を誘発する物質でもある。有害赤潮は通常、春季から夏季にかけて発生し、また海苔をはじめとした海藻類は低水温期に収穫されるものが多い。すなわちリンに対する干潟の緩衝作用は、赤潮の発生を軽減し、有用水産物の収穫にある程度の影響を与えている可能性があることを示している。

第4節　我国における干潟の現状　～結びにかえて～

浅瀬は人間の手が入り易い場であることから、近年、護岸工事や干拓による浅瀬の消失が進み、この100年間で日本に存在した干潟のおよそ半分が消滅したとされている（図2-6）。干潟も含めた近年における浅瀬の減少は、沿岸環境における干潟の重要性がこれまで理解されていなかったことにほかならない。佐々木（1998）は干潟の浄化作用から、それと同等の浄化能力を持った下水処理場を建設した際に必要な金額を試算している。それによれば、25ヘクタールほどの干潟に応じた施設でも

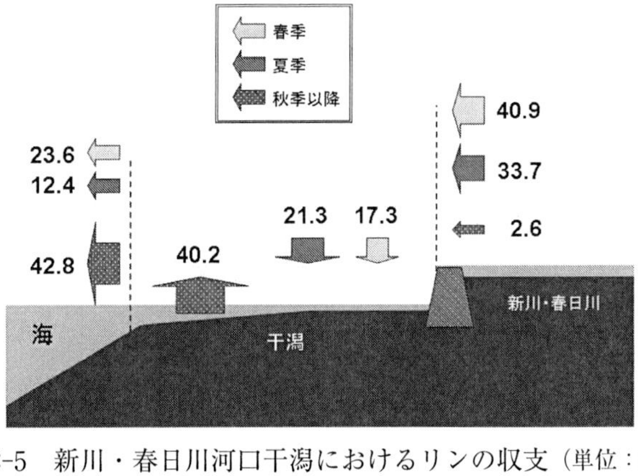

図2-5　新川・春日川河口干潟におけるリンの収支（単位：kg）

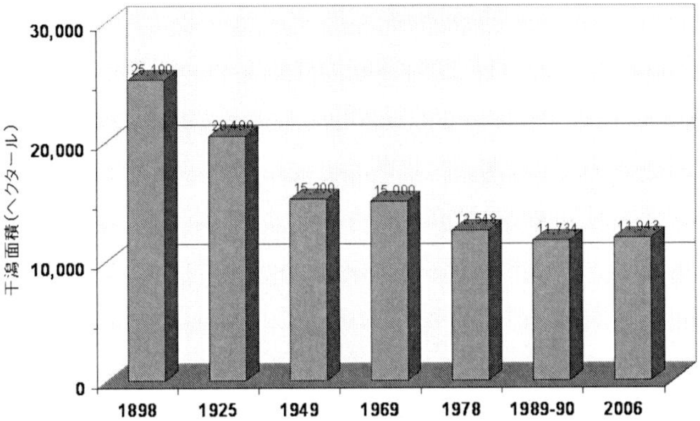

図2-6　瀬戸内海における干潟面積の推移
＊1898年～1969年：瀬戸内海要覧（建設省中国地方建設局）
＊1978年、1989年～1990年：第２回、第４回自然環境保全基礎調査（環境庁）
＊2006年：瀬戸内海干潟実態調査（環境省）

建設費として５億円と年間維持費の2,000万円が必要となり、1,000ヘクタールを超える広大な干潟を再現するとなると500億円以上の建設費に加え、年間５億円の維持費が必要になる。干潟には基本的に維持管理費が掛からない上、漁場やリクリエーションの場として利用されることを考えれば、現存する干潟を有効利用する方がはるかに得策であることは明白である。現在も浅海域の消失が完全に止まったわけではないが、幸い、近年の環境保全に対する意識の高まりの中で、その消失速度は非常に小さくなっている。また各地で人工干潟の建設とその効果が査定されている。沿岸域における干潟の機能的な役割については、現在少しずつ明らかにされつつあり、干潟の重要性を明らかにするためには更なる正確な評価・把握が重要である。

主な参考文献

佐々木克之（1989）：干潟域の物質循環. 沿岸海洋研究ノート，26, 172－190.

佐々木克之（1998）：内湾および干潟における物質循環と生物生産. 海洋と生物, 115, 132－137.

第３章　植物の環境応答における適応機構

東江(野村)　美加

はじめに

陸上で生育する植物は、移動の自由を持たないため厳しい環境の変化を耐え抜いて成長を続けていかなければならない。そのため植物は環境の変化に速やかに反応して適応する応答機構を進化の過程で獲得してきたと考えられる。

例えば乾燥状態では植物細胞の膨圧は極大値より低下し、その結果脱水が引き起こされ水分ストレスを受けることになる。このような生活環境の中で水分をいかに供給するかということが植物にとって重要な点であり、植物の成長に大きな影響を与えることになる。さらに塩害のように土壌中の塩類が過剰に存在すると浸透圧ストレスとイオンストレスを受ける。つまり植物は、土壌中の塩濃度が高くなると浸透圧が高くなったために生じる植物の水分の供給不足の他に、細胞内に吸収された塩による代謝の阻害、また、塩により生育に必要な他のイオン（K^+等）の吸収阻害などが生じる。このように植物は移動の自由を持たないために環境に応じて種々の適応機構が発達しており、Hansonらは４つのレベルに分類できるとしている（Hanson et al. 1982）。

第1節　環境に応じた植物の様々な適応機構

（１）生育レベルの適応

植物が環境に合わせて生活環を変えることを指しており、例えば雨期になるまで脱水耐性の強い種子で休眠しているといった種子の発芽時期や、開花時期の調節による適応。

（２）形態レベルの適応

乾生植物は分厚いクチクラ層や樹脂によって表面を覆い水分の蒸散を

防ぐ。乾燥耐性の非常に高い復活植物（Resurrection Plant）は、脱水によって生育を停止し、水を急速に失い葉を巻き上げる（図3-1 AB）。また塩生植物は葉表皮の肥厚化、葉の数及び面積の減少、単位葉面積当たりの気孔数の減少、葉厚の増大等が起こるとともに、ヒルギ科の植物（マングローブ）やイネ科の一部では葉や茎の表面に塩類腺（salt gland）を、またアイスプラント（*Mesembryanthemum crystallium*）では、葉の表面にのう状毛（vesiculated hair）と呼ばれる組織を持ち、その組織の中ののう状細胞（bladder cell）に塩を選択的に蓄える（図3-1C）。

（３）生理学的レベルでの適応

イオンポンプ、イオンチャンネルによる気孔の開閉、あるいはNa^+の液胞への移行、またイオン間の競合を回避するためNa^+の代わりにK^+による適応や、アイスプラントのような乾燥地で生育するある種の多肉植物は、炭酸固定をC_3型からCAM（Crassulacean acid metabolism）型光合成への移行による適応等がある。

（４）代謝レベルでの適応

植物が浸透圧ストレスを受けたときに誘導されるタンパク質による適応や細胞内の浸透圧調節物質（グリシンベタイン、プロリン、マンニトール等）の合成による適応等をさす。

(A)　(B)　(C)

図3-1　復活草（A、B）アイスプラント（C）の塩、乾燥ストレスの形態レベルでの適応機構。復活草は乾燥状態では葉が巻き付いているが水の供与により葉が開き光合成を行う（A、B）。アイスプラントは、のう状毛（矢印）に塩を選択的に蓄える（C）。

第2節　塩害とは何か?塩生植物の塩害回避の仕組み

（1）塩害とは

塩害とは、土壌中に塩類が高濃度蓄積し作物の生育が損なわれる減少である。多雨の我が国では一時的な塩害しか存在しないが塩類集積土壌は乾燥地域、半乾燥地域を中心にかなり広がっている。塩害地で実際に問題となる濃度まで集積するのはNa, Mgの塩化物、炭酸塩、硫酸塩、Caの塩化物で地域により異なる。さらに塩の種類によってはpHによる障害も起こる。

具体的にイネの塩害を見てみると、水耕液に100mM以上のNaClを添加した場合、成長速度の低下が顕著に表れる。この低下は濃度と被爆時間の積にある程度比例している。Na^+がどのようにして成長速度の低下を引き起こしているのかは様々な報告があるが、おそらく細胞間隙に到達したNa^+は蒸散により濃縮され細胞に浸透圧ストレスをもたらしある濃度以上になると細胞内に進入してイオンストレスを引き起こしこれが気孔の開閉を含む光合成活性に影響して成長速度を低下していると考えられる。

（2）塩生植物の塩害回避の仕組み

自然界には塩類の集積した土壌でも生育しうる植物が存在する。100mM NaCl以上存在下でも一生を全うできる植物を塩生植物とよび、河口、海沿いの沼地にアカザ科、キク科、ナデシコ科、イネ科などの塩生植物が見られる。塩生植物の葉身に蓄えられるNa^+は細胞質の代謝を阻害しないのであろうか？イネならば高塩濃度土壌で生育させると細胞内外の浸透圧バランスが崩れ、脱水がおこり最終的には枯れてしまう。塩生植物は塩害を回避するためにNa^+を積極的に取り組む仕組みを持つ植物と逆にNa^+を排出する仕組みをもつ植物が知られており塩に対する適応は植物によって様々である。例えばホソバノハマアカザは、根圏に存在するNa^+を積極的に細胞内の液胞へ取り込んでいる。そして細胞質にグリシンベタインを蓄積して浸透圧バランスを維持して脱水を防いでいる（Matoh et al. 1987)。Na^+による塩害の原因は、浸透圧バランスの崩壊以外にNa^+のイオンによるタンパク質の高次構造の崩壊がある。そこでホソバノハマアカザはNa^+を液胞へ隔離して細胞質内には生理活性を阻害しないグリシンベタインを蓄積することで浸透圧バランスをとり、浸透圧ストレス、イオンストレスの回避を行っている。Na^+の液胞への隔離は、液胞膜に存在するNa^+/H^+ アンチポーターによって行われている。植物細胞内のNa^+イオンの輸送、隔離について解明することは、耐塩性メカニズムを知る上で重要な知見をもたらすと考えられる。

一方、Na^+の排出機構が解明されている植物としてヨシがある。ヨシは河口などの汽水域に生育することができる。しかしホソバノハマアカザとは異なり、Na^+を葉身にあまり蓄積せず、カリウムとショ糖で浸透圧を作り出している。ヨシはNa^+を細胞内へ積極的に取り込むことは行わず、Na^+を細胞外へ排除しK^+を取り込むことで塩ストレスを回避しようとしていると考えられる（図3-2)。K^+/Na^+選択性がヨシの高濃度塩類に対する耐性を決定づける一因であるとも言われている。つまりヨシの場合は根圏の塩溶液に対して、強いカリウム吸収力で多量に吸収し、これとショ糖で根圏より高い葉身の浸透圧を生み出し導管から進入してくるNa^+を根と茎境界付近でトラップし根に再輸送してNa^+が葉身に行かないようにしている。K^+/Na^+選択性を決める遺伝子は酵母からク

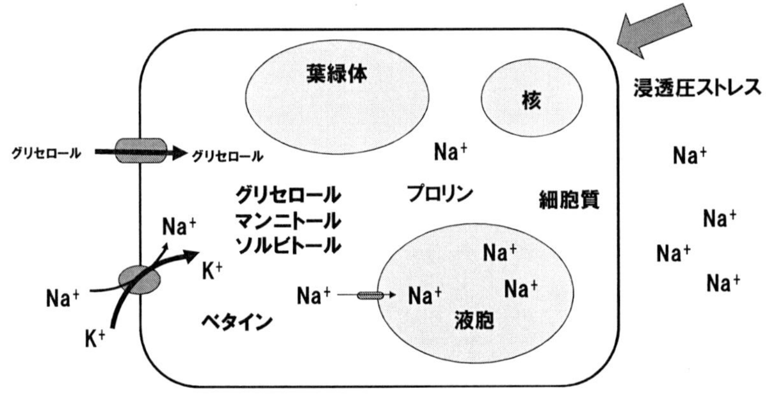

図3-2　植物の浸透圧調節メカニズム

ローニング（HAL1遺伝子）されており、HAL1を酵母で過剰発現させた形質転換株は1M NaCl存在下でも高いK^+吸収を示し、その結果相対的にNa^+含量を軽減し、耐塩性を獲得しているという報告もある。

高塩類土壌で生育する植物は、Na^+の隔離、排除ということ以外に水をいかに獲得するかという点も重要な事である。最近植物の水の獲得手段の一つとして水チャネルが注目されている。水チャネルはMIPファミリーに属し、植物の原形質膜、液胞膜に存在している。山田ら（1995）はアイスプラントの根で発現している水チャネルが表皮細胞に特異的に局在することを明らかにし、水分ストレス下で根からの吸水に積極的に働いていることを明らかにしている。

第3節　植物の浸透圧調節物質（適合溶質）

植物細胞が水分ストレスを受けたとき、脱水により膨圧が低下し、水の吸収が困難になり、細胞内のイオン強度が増大する（図3-2）。また、細胞外に多量の塩が存在すれば、脱水状態に陥るばかりでなく、植物に必須なK、Ca、P、N化合物等の栄養分の吸収がイオン間の競合で困難にもなる。こうしたイオン強度の増大は細胞質中の酵素の阻害にもつながる。そのためにまず、原形質膜に存在すると想定されているイオンポンプ、あるいはイオンチャネルによってNa^+、Cl^-を排出するか、液胞のようなオルガネラに閉じこめる必要がある。そして細胞質には浸透圧バランスを保ちながら代謝活性を阻害しない低分子有機化合物を合成・蓄積している（図3-3）。この低分子有機化合物のことを浸透圧調節物質（適合溶質、compatible solute）と呼ぶ。ホソバノハマアカザの細胞内で蓄積しているグリシンベタインもその一つである。植物においては、グリシンベタイン以外にソルビトール、マンニトール、ピニトールなどの中性の糖アルコールや、アミノ酸のプロリン、３級スルホニウム化合物などが代表的なものである。浸透圧調節物質は浸透圧維持のために働くだけでなく、低濃度でも膜やタンパク質の保護、活性酸素のスカベンジャーあるいはストレス化での光合成炭酸同化のためのシンクとして機

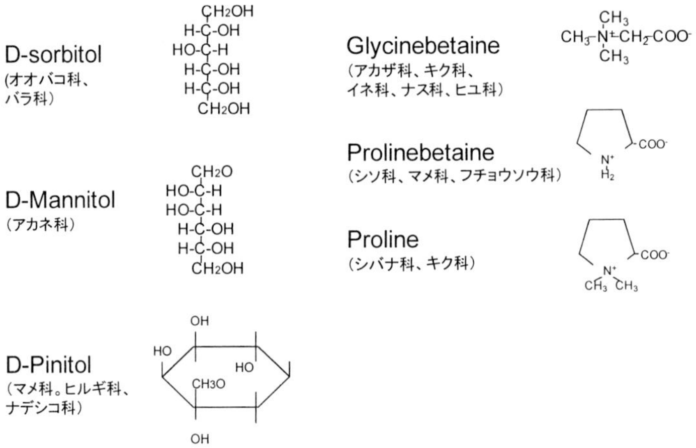

図3-3　様々な植物の浸透圧調節物質

能するのではないかと考えられている。

（１）プロリン

塩生植物などは、塩（水）ストレスを受けると細胞内アミノ酸プールの半分以上がプロリンで占められるという報告がある。またオオムギなど比較的耐塩性が高い植物種においてはグリシンベタインの蓄積に先立ってプロリン含量が増加することも明らかとなっている。これはオオムギのストレス応答時にベタイン合成・蓄積に時間がかかるため初期浸透圧調節をプロリンの蓄積により行っているためである。

（２）オノニトール／ピニトール

アイスプラントは浸透圧ストレスを受けるとプロリンの蓄積がすばやく起きる。この理由はオオムギの場合と同様である。しかしその後ピニトールが蓄積してゆき、CAM型光合成の誘導が始まり、20日後にはピニトールは可溶性タンパク質の約71％を占めるまでになる。また海岸で生育するマツでもピニトールの蓄積が知られている。

（3）マンニトール

浸透圧調節物質を細胞内に過剰に蓄積させると塩ストレス耐性を向上させることができるのではないか？この証明を最初に行ったのがマンニトールを過剰発現させて作出したタバコ植物である。大腸菌のマンニトール合成酵素遺伝子（*mt1D*）をタバコに導入し、マンニトールを過剰に合成させることで耐塩性が強化された（Tarcynski et al. 1993）。この報告は浸透圧調節物質が植物の耐塩性を決定づける重要な化合物であることを初めて証明した結果である。

（4）ソルビトール

ソルビトールは発芽中の大豆の胚軸、ある種の植物の果実、発達中の植物の種子中に見いだされている。これらの組織中では貯蔵物質として蓄積されていると考えられるが、ある種の植物では浸透圧調節物質として働くのではないかと考えられている。

（5）グリンシンベタイン

グリシンベタインは窒素原子がトリメチル化された、プラスとマイナスの電荷を持つ四級アンモニウム化合物である。また両性電解質であるため、水に対する溶解度が高く、細胞内のイオンバランスを崩すことがないために高濃度蓄積するのに適している。グリシンベタインは塩、水分ストレスを受けた時、アカザ科、キク科、ナデシコ科などの植物、大腸菌、動物、酵母、ラン藻、光合成細菌など幅広い生物種で蓄積するという報告がある。また植物ではベタイン類似物質がいくつか知られており、イソマツ科の植物は、グリシンベタインの他にβ-アラニンベタイン、コリン-O-サルフェート、ハイドロキシプロリンベタインなどを蓄積して浸透圧調節を行っている。ベタイン類似物質が存在する理由として、異なるストレス環境下に適応するために蓄積すると推測されている。つまり過剰の硫酸塩が存在するときイソマツ科の植物は、硫酸塩を塩腺に輸送するためにコリン-O-サルフェートを蓄積する。また低酸素状態の塩ストレス下では適合溶質としてグリシンベタインよりβ-アラニンベタインの方が優れており、慢性の乾燥状態ではプロリンンベタインの方が優れていると考えられる。

おわりに

植物の耐塩性機構を解明する上で、シロイヌナズナを実験材料にした研究は盛んに行われている。しかしその一方すべての植物がシロイヌナズナと同じメカニズムを持っているわけではない。そのため地道にそれぞれの植物が獲得した耐塩性機構を解明していくしか手段はない。とくに塩生植物は高塩類土壌で生育すべく進化したと言っても過言でない。このような植物の耐塩性機構を解明すれば、より高い耐塩性をもつ作物の分子育種にもつながることが期待される。

主な参考論文

Hanson, A. D. and Hitz, W. D. (1982)：Annu. Rev. Plant Physiol. 33: 163-203.

Matoh, T., Watanabe, J. and Takahashi, E. (1987)：Plant Physiol. 84: 173-177.

Tarczynski, M. C., Jensen, R. G. and Bohnert, H. J. (1993)：Science 259: 508-510.

Yamada, S., Katsuhara, M., Kelly, W. B., Michalowski, C. B. and Bohnert, H. J. (1995)：Tissue-specific expression in the common ice plant. Plant Cell 7: 1129-1142.

第４章　香川県における水文・流域環境と河川水質

山田　佳裕

第1節　はじめに

水は、人間にとって必要不可欠なものであり、良質の水資源を長期的に利用していくには河川の生態系を適切に保つ必要がある。そのためには河川の水質形成のメカニズムを理解しなければならない。

日本では1950年代から1970年代の高度経済成長期において、工場排水による水質汚濁が問題となった。1956年に熊本県の水俣湾周辺地で確認された水俣病、1957年に新潟県阿賀野川下流域で患者が発生した新潟水俣病、神通川下流域で発生し、1961年に名付けられたイタイイタイ病と、四大公害のうち３つが水質汚濁によるものである。その後、日本における工業排水による水質汚濁は、1971年に施行された水質汚濁防止法によって工場からの排水の水質基準が設けられることによって改善されていった。

今日では、工場排水の影響が小さくなっていくなかで、自然負荷や農地などの流域環境が河川水質に与える影響が強まっている。また、陸上の水循環は気象に左右されるため、河川水質は降水量等にも大きな影響を受けると考えられる。瀬戸内海気候に属する瀬戸内地域では降水量が少なく、気象庁によると平年値で全国平均が1,718mm、高松では1,224mmと三分の二程度の値となっている（図4-1）。その上、瀬戸内地域は水の蒸発散量が多く、全国平均の606mmと比べて瀬戸内地域は897mmと全国平均の約1.5倍にもなる高い値となっている（鈴木 1985）。さらに、流域に占める平野部の割合も高く、他の地域に比べて、人口密度や農地割合が高い。結果として、香川県での中下流域では、少ない水資源を効率的に利用するためにため池が造られたり、河道に堰が設けられたりしている（図4-2）。これは、香川県の水環境に大きな影響を与える要因となっている。

水質に関する問題には地域ごとの環境の違いが大きく現れる。良質の水資源を長期的に利用するために水質の保持・改善を行うには、その地域における水文環境を理解し、問題となっている事象を解き明かす必要がある。本章では降水量が少ない瀬戸内海気候に属する香川県における水文環境、流域環境が河川水質に与える影響について解説する。

第2節　源流域の水質と降水量

香川県の源流域では水中の主要イオン濃度が高くなっている(Nakashima and Yamada 2005　図4-3)。これは香川県の水環境を考える上で、非常に重要なことであるし、水資源の管理・保全を考える上でベースとなる示唆を与えている。一般的には、直接的な人為負荷のない源流で、主要イオンの濃度が高いのは、大気降下物に原因があることが多い。都市部で発生し、大気中に拡散した塩類が雨等とともに山間部に降るのである。しかしながら、香川県では大気降下物中の主要イオン濃度は他の地域と比べて高くない（表4-1)。香川県の源流域の水質を詳しくみると、比較的降水量の多い西部では主要イオン濃度は低く、降水量の少ない中央部で高くなっている。降水量と全主要イオン濃度との関係は、負の相関を示す（図4-4)。これから、主要イオン濃度が高くなる原因は、降水量にあると考えることができる。次の式で降水中のCl^-濃度と源流水中のCl^-濃度から森林中における水の濃縮率を算出し、

式：水の濃縮率＝（源流水中のCl^-濃度／降水中のCl^-濃度)

水の濃縮率、降水量、全主要イオン濃度のそれぞれの関係をみたとこ

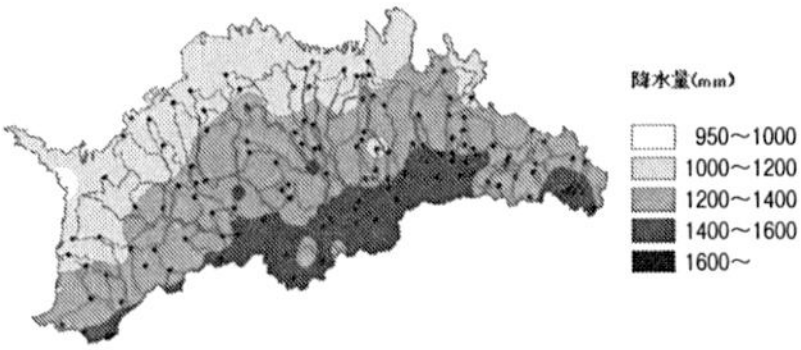

図4-1　香川県の年降水量の分布
(05年9月～06年8月)

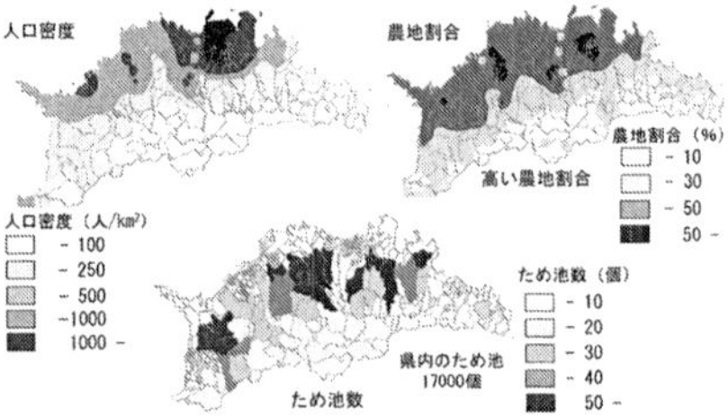

図4-2　香川県の土地利用

ろ、全主要イオン濃度と濃縮率との間には正の相関がみられた（図4-5)。このことは、源流水中の全主要イオン濃度は水の濃縮の影響を強く受けており、香川県では少ない降水量が水質に大きな影響を与えていることを示している。香川県と全国とで、非常に簡単な源流域の森林地表における水収支の比較をしてみる。香川県の源流域には年間1,300mm程度の降水がある。蒸発量が900mm程度なので（鈴木　1985)、地表にのこる水は収支から400mmと見積もられる。一方、日本の山間部における降水量を2,500mm程度とすると、蒸散量が600mmなので（鈴木　1985）地表に残る水は1,900mmである。非常に簡単な比較であるが、香

	香川県平均(mg/L)（本研究）	日本平均(mg/L)（広瀬ら 1987）
Cl^-	5.30	4.98
NO_3^--N	0.79	0.35
SO_4^{2-}-S	3.90	2.35
Na^+	9.30	6.01
K^+	1.20	1.10
Mg^{2+}	1.70	1.61
Ca^{2+}	14.00	4.88

図4-3　香川県と日本の渓流水の各物質濃度の比較

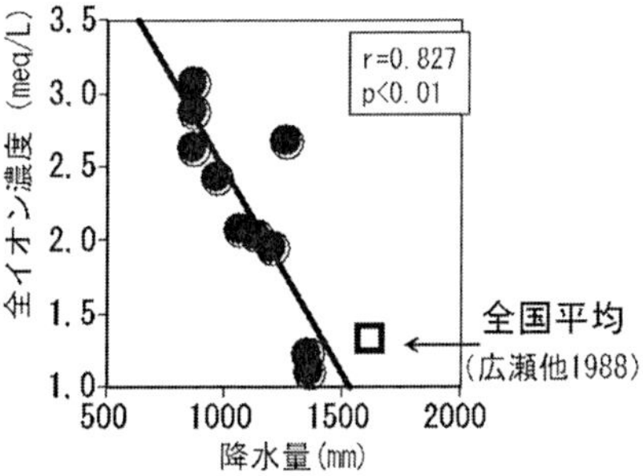

図4-4　讃岐山脈源流域における全イオン濃度と調査地点周辺の降水量との関係
（降水量の引用文献：香川県河川砂防課『砂防情報システム』2005）

表4-1　讃岐山脈源流行きにおける窒素濃度と文献値との比較

地点	No_3^-－N (mg/L)	引用文献
讃岐山脈中央部（年平均値）	1.54	Nakashima & Yamada (2005)
四国山地（年平均値）	0.28	Nakashima & Yamada (2005)
全国平均	0.35	広瀬ら（1988）
関東平野	1＜	Toda et al. (2000)；Yoh et al. (2001)
日立市の山林の渓流水（茨城県）	1.4	安池ら（1998）
北アメリカ	0.5	Reynolds et al. (1992)
チェンマイ（タイ）	0.01＞	Nakagawa & Iwatsubo (2000)

川の源流域では全国の３分の１しか水がないのである。

植物プランクトンの養分である硝酸態窒素濃度も主要イオンと同様の傾向を示す。水中で硝酸態窒素が多くなると藻類がたくさん増え、有機物汚濁が引き起こされる。香川県の源流域での硝酸態窒素濃度は多いところで２mg/Lに達する。これは、水質に問題がある都市域の河川の下流で観測されるレベルの値である。雨の少ない香川県の河川では森林からの窒素の自然負荷が大きいといった特徴をもっており、良好な水環境を保全する上で、大きな問題を抱えていることになる。

第3節　下流域における有機物汚濁

香川県の下流では非常に高い有機物濃度が観測される。河川の水を利用するために、色々なところに水を溜めることがその要因として挙げられるであろう。例えば、窒素でみると、通常は河川水中の全窒素に占める割合は無機態の窒素が多い。しかしながら、図4-6に示したように香川県では下流域にでは窒素のほとんどが有機態になる。これは、流域や河川中で無機態の窒素が藻類によって有機物に変換されていることを示している。香川県全体でみると有機態窒素は人口密度や農地割合が高いところで高くなる傾向がある。有機態窒素に流域環境が与える影響を人口密度、水田割合、その他農地割合、ため池数、降水量を説明変数とし

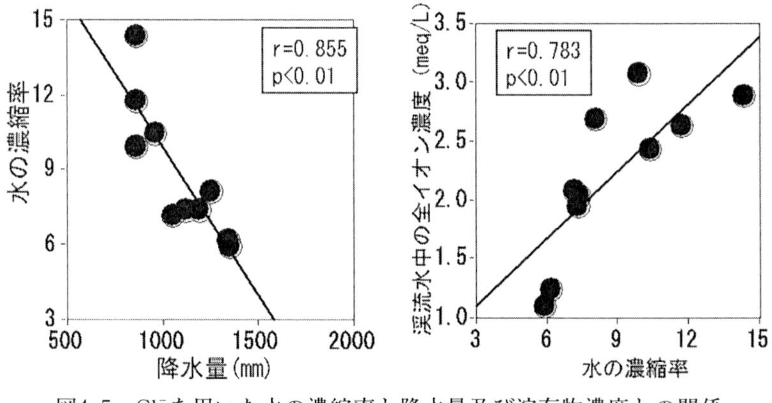

図4-5　Cl^-を用いた水の濃縮率と降水量及び溶存物濃度との関係

て重回帰分析で解析を行なうと、人口密度とため池数が有意に影響を与えている。香川県では河川水中の有機態窒素は藻類の色素であるクロロフィルaとその分解物であるフェオ色素濃度の合計と正の相関を持っており（r=0.69　α<0.001）、藻類由来の有機物が河川水中の有機物の大きな起源になっているのである。日本の河川は流達距離が短く、河川水が源流から海に流達するまで１日から２日と非常に短いために藻類は増殖することが出来ず、その存在量も少ない。様々な研究での河川のクロロフィルa量を見てみると50μg/L以下が大部分である。香川県のクロロフィルaの値をみると、流域面積が最も大きい新川水系の主要河川である新川の下流において600μg/Lと非常に高い濃度がみられ、50μg/L超が一般的である（図4-7）。この濃度は富栄養湖で検出されるクロロフィルa濃度と同程度の値である。香川県おいてクロロフィルa+フェオ色素濃度と土地利用の関係をみてみると、流域にため池数が多い河川で高くなる傾向がみられる。人口密度、水田割合、その他農地割合、ため池数、降水量を説明変数として重回帰分析で流域環境の影響の解析を行なうと、クロロフィルa+フェオ色素濃度に対してため池数は有意に正の影響を与えている。河川水中の有機物はため池から運ばれた藻類が河川に蓄積した結果であるといえる（図4-8）。

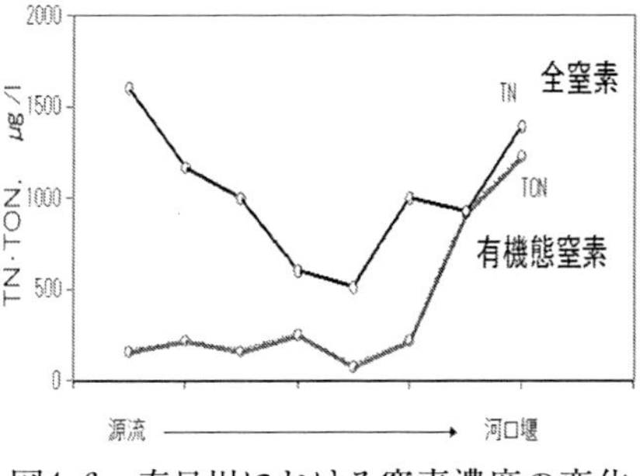

図4-6　春日川における窒素濃度の変化

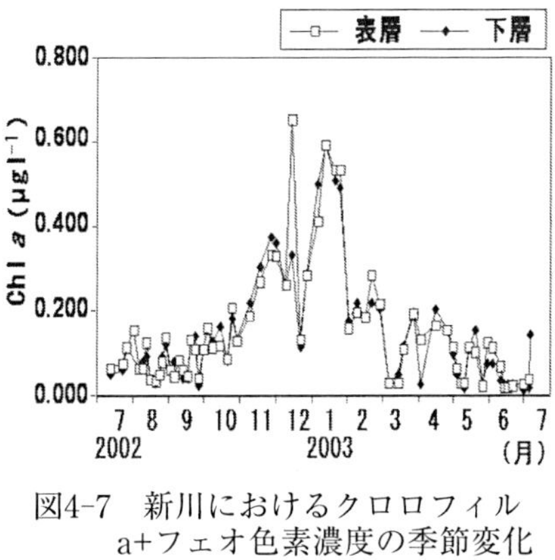

図4-7　新川におけるクロロフィル
a+フェオ色素濃度の季節変化

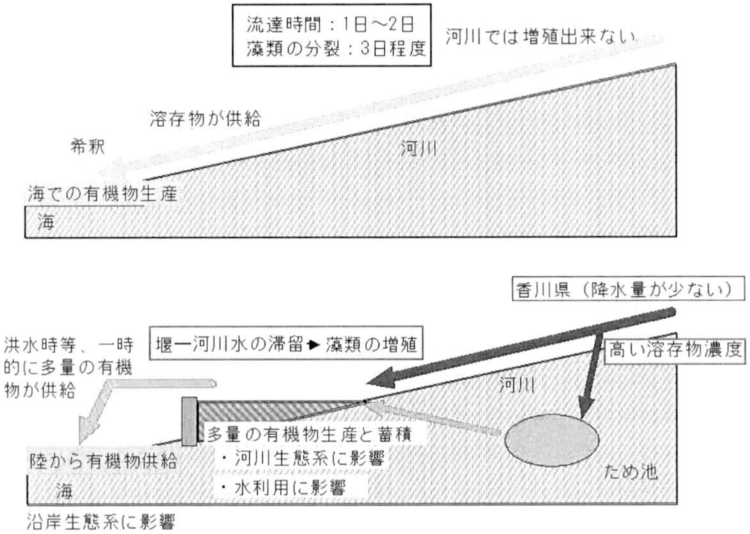

図4-8　香川県の河川における有機物汚濁の模式図

第4節　おわりに

香川の河川水質は、河川の源流域では降水量や地質などの自然的要因、下流域では農地やため池などの流域環境が河川水質の形成に深く関わっていると考えられる。河川の有機物は海域へと供給される。河川から海へは、本来無機物か供給され、海域にに於いて藻類等により有機物に変換される。河川から直接海へ有機物が供給されることが、海の生態系にどのような影響を及ぼすのか、今後、考えていく必要がある。

主な参考文献

鈴木雅一（1985）短期水収支法による森林流域からの蒸発散量推定．日本林学雑誌，67, 4：115-125

Sachi Nakashima and Yoshihiro Yamada (2005)：Temporal　－spatial distributions of high nitrogen concentration in headwater areas of regions with low precipitation. The Japanese Society of Limnology, 6：53-60

第５章　持続可能な漁業と環境保全

末永　慶寛

はじめに

瀬戸内海の備讃瀬戸海域は、イカナゴ（*Ammodytes personatus*）の主産卵場の一つとなっている。一方、この海域では、建設工事の為の骨材資源として1950年代半ばから海砂採取が行われている。その骨材として採取される海砂の粒径がイカナゴの産卵場や生息場の底質粒径と合致しているため、直接的に産卵場や生息場を消失、減少させている。そこで本講義では、備讃瀬戸海域における自己遊泳力の乏しい時期のイカナゴ仔稚魚を対象に、海砂採取による水深の変化が仔稚魚の成育場への輸送に及ぼす影響について、対象海域の流動解析と仔稚魚の鉛直移動を考慮した粒子輸送モデルにより定量的に評価する技術を紹介する。さらに、瀬戸内海で発生したタンカー座礁等の事故により流出した重油の動きを予測することで、本流動解析モデルの防災面への応用例も解説する。

＜キーワードの説明＞

イカナゴ：スズキ目　イカナゴ科。北方系の魚で夏には砂に潜って夏眠を行う。

海砂：海底に堆積している砂。主に建設工事の骨材資源として採取される。

流動解析モデル：水の流れを計算するための数値シミュレーションモデル。

人工魚礁：魚介類の増殖、生産力の向上を目的とした漁場施設（魚のアパート）。

1．対象海域の概要

備讃瀬戸西部海域の計算領域および産卵場と成育場を図5-1に示す。瀬戸内海の流況は潮汐によって支配され、その中でも約12時間周期で往復する潮流の成分による影響が最も大きい。図5-2に５m以浅の冬季の恒流図を示す。本島北沖で東向流が顕著で、広島南沖で西向流がみられる。

風については、イカナゴの産卵盛期である12月中旬～１月上旬は西～北西の季節風が強く、平均風速は3.5m/s程度である。備讃瀬戸海域で孵化したイカナゴ仔魚が１ヶ月後に同海域に残留する割合は約14％であり、残りの約86％は播磨灘や大阪湾など東部へ移送される。産卵場に関しては、下津井から丸亀までの海域周辺と考えられる。

2. 流動解析モデル

イカナゴ仔稚魚の輸送は、流体力学モデルにより予め流場を計算し、そこに仔稚魚群と想定した粒子を流場に投入して流れによる輸送を計算する。潮流は観測されているM_2分潮の潮汐調和定数を参考に振幅および遅角を設定し、各開境界に潮汐波の波動として与えた。また、海域周辺で観測された12月の平均値を表層から12層毎に、水温、塩分の値を設定した。

3. 数値計算によるイカナゴ仔稚魚の輸送

（１）流況の計算

産卵期の平均風である西風3.5m/sの条件下で計算を行った。潮流の計

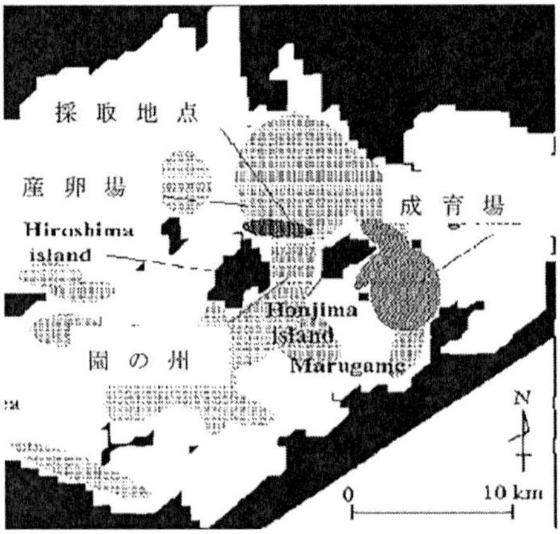

図5-1　イカナゴの産卵場と生息場

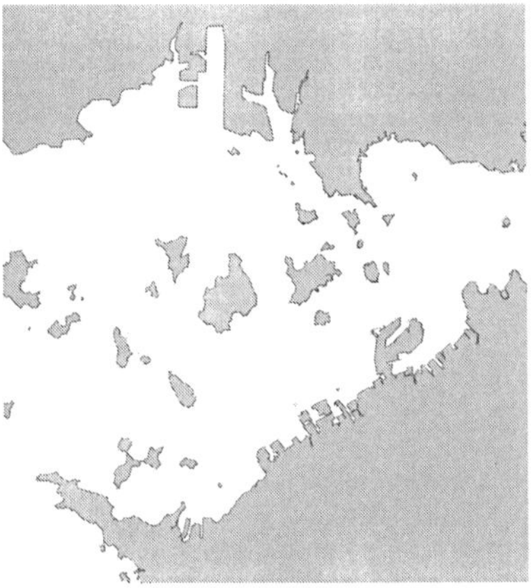
図5-2　冬季の恒流図

算結果は流速が40～155cm/sとなり流向、流速値とも観測された流況が概ね再現されたと考えられた。また、図5-3に上層（水深３m）および下層（水深15m）の算出した平均的な流れの場を示す。流向については上層で図5-2と同様な傾向を示した。下層では、広島および本島の南方で東向きの流れが卓越している。上層では流速も平均2.6cm/s程度となり図5-2の流況に近い値となった。

（２）イカナゴ仔稚魚の鉛直移動が輸送に果たす役割

日下部ら（2000）の観測結果により、次のように仔魚の鉛直移動をモデル化する（図5-4参照）。まず仔魚が存在する水深の85％の位置（下層）を８時間維持し、その後４時間かけて海面から25％の水深位置（上層）まで上昇する。8時間その位置を維持し、その後４時間かけて水深85％の位置に下降する。これを24時間周期で繰り返す。なお、ここでは鉛直流による微小変位を考慮する。

イカナゴ仔稚魚群の重心を想定した粒子を産卵場に配置し、孵化後14日間の輸送を計算した。なお使用した数値モデルは藤原ら（1997）により妥当性が検証されている。鉛直移動のパターンとして次の５種類を想定した。

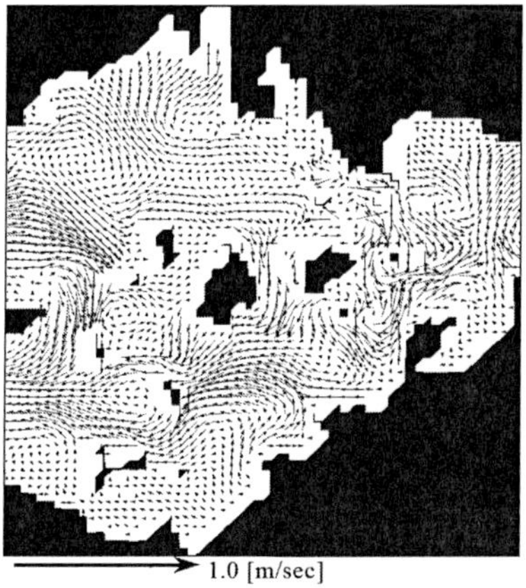

図5-3　平均的な流れの場（表層）

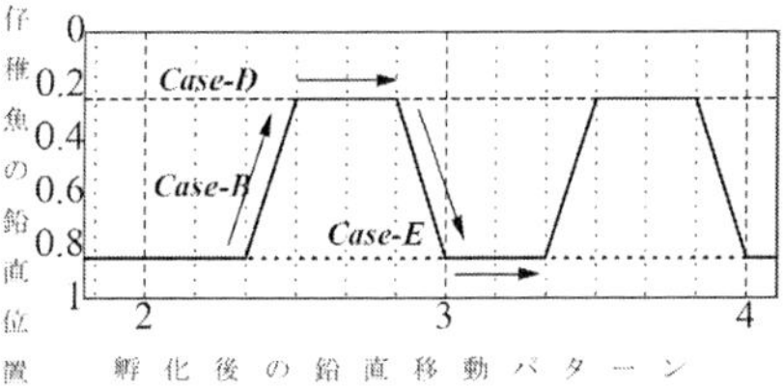

図5-4　仔稚魚鉛直移動のモデル化

Case-A： 能動的な鉛直移動は行わず、流れに対して全く受動的である場合。

Case-B： 体長約4.0mmになる孵化後２日目から鉛直移動を開始する場合。

Case-C： 体長約4.5mmになる孵化後７日目から鉛直移動を開始する場合。

Case-D： 昼間仔魚が多く分布する上層として海面から25％の水深を維持する場合。

Case-E： 昼間に比べ、夜間仔魚が多く分布すると考えられる海底から15%の水深を維持する場合。

図5-5（上段左から５つ）に海砂採取箇所の北縁に配置したCase-A～Eそれぞれの仔稚魚群の輸送経路を示す。水深は海砂採取前の状態で計算した。○は孵化地点、□は孵化後14日目の位置を表している。Case-AとCase-Bから鉛直移動をする場合としない場合では、輸送経路が大きく異なる。Case-Eではあまり輸送されず等深線に沿って移動した。逆にCase-A、Case-Dの場合は、南北への移動量が大きい。

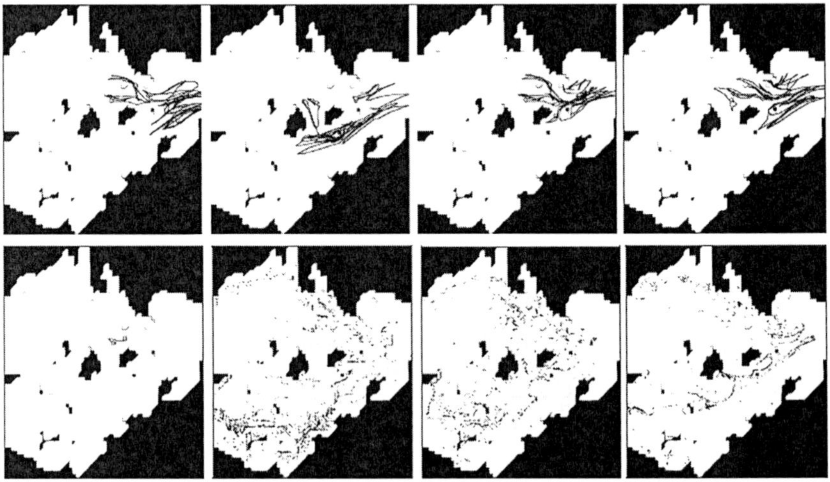

図5-5　仔稚魚輸送の計算結果
（上段左からCase-A、B、C、D、E、西風W00、西風W05、西風W08）

Case-Cでは鉛直移動を始めてからはCase-Aと比べ南北へ振れることなく東へ輸送された。この傾向はCase-Bでも伺える。このことから、広島および本島北方に東向流があり、仔稚魚群は東方へ輸送された。Case-Bでは広島、本島の南方へ輸送されたが、鉛直移動をすることにより表層の西へ向かう残差流の影響よりも、下層の東への残差流の影響により東方へ輸送された。

海砂採取前の水深（1950年代の海図から推定）から採取後の水深（平成２年）まで海砂の採取面積と水深を段階的に大きくしたときの滞留率の変化を検討する。水深変化を10段階に分け、その平面図および断面図をそれぞれ図5-6、図5-7に示す。まず海砂採取後の水深を用いて、Case-Bの条件で14日間の仔稚魚輸送を計算した結果を図5-8に示す。孵化地点は（2）同様、海砂採取箇所の北縁である。仔稚魚群は採取前と異なり本島南方へ輸送された後、燧灘方面へ流去してしまった。周辺に配置した他の粒子についても同様な傾向を示した。西風3.5m/sの下、海砂採取後の水深における流れの計算結果から採取前の水深における流れの計算結果を差し引いた上層（水深３m）の流速差ベクトルを図5-9に示す。また海砂採取量と仔稚魚群の滞留率との関係を図5-11に示す。ここで滞留率とは配置した全粒子に対する孵化後７日目に各水域に輸送された粒子の割合と定義する。水域区分は図5-10に示す。例として図5-5の下段左２つ目から西風0.0m/s、5.0m/s、8.0m/s時の仔稚魚群分散の計

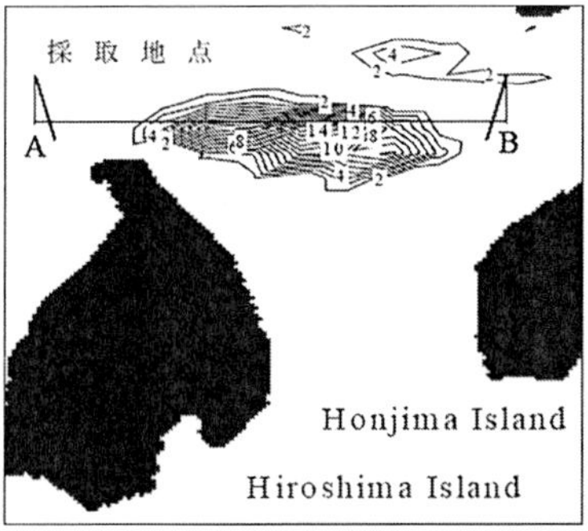

図5-6　海砂採取箇所平面図

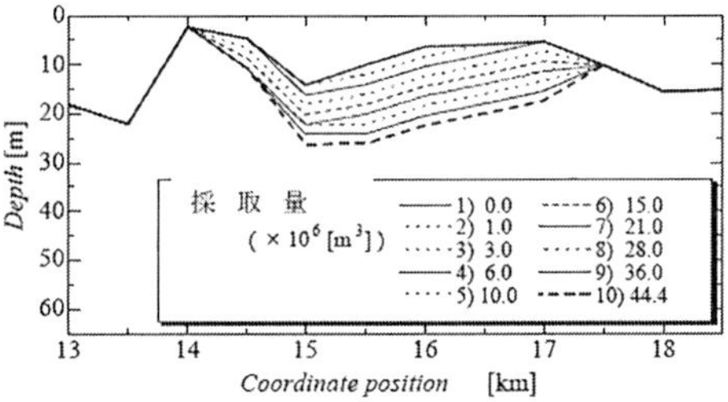

図5-7　海砂採取箇所断面図（A-B）

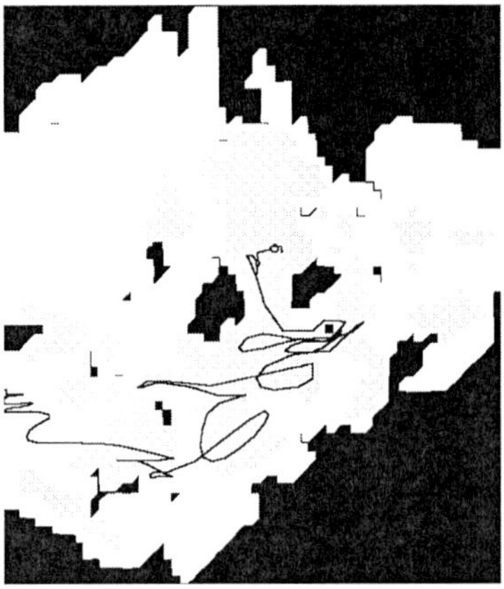

図5-8　海砂採取後の輸送計算結果

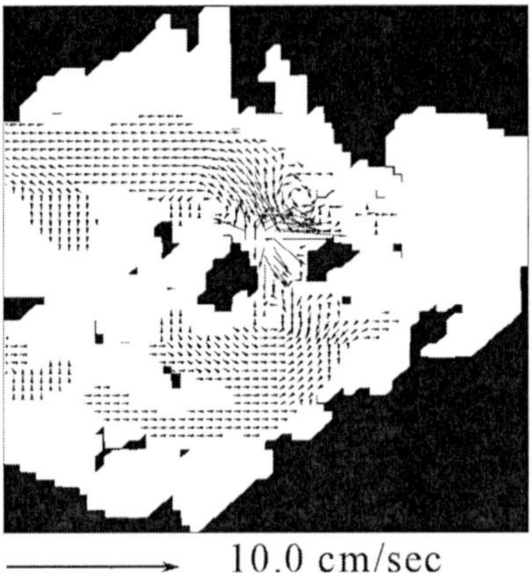

図5-9　流れの差分

算結果をCase-W00、Case-W05、Case-W08として示す。まず西風の風速を変化させて滞留率の変化を検討した。水域Cでは風速0.0m/secから8.0m/sに上がると約12%増、10.0m/sになると約32%増となり、西風が強くなるほど仔稚魚は東へ輸送された。次に水深変化の影響を検討する。

図5-10の水域ＡおよびＢは備讃瀬戸西部の主な漁獲場所であり成育場と考えられる水域である。水域Ｃは拡散経路であり、ここへ輸送された仔稚魚はその後、備讃瀬戸東部海域、播磨灘および大阪湾の成育場へ輸

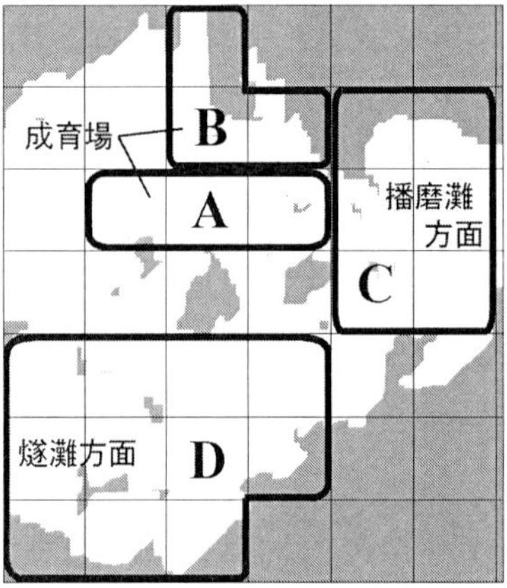

図5-10　備讃瀬戸西部の水域区分

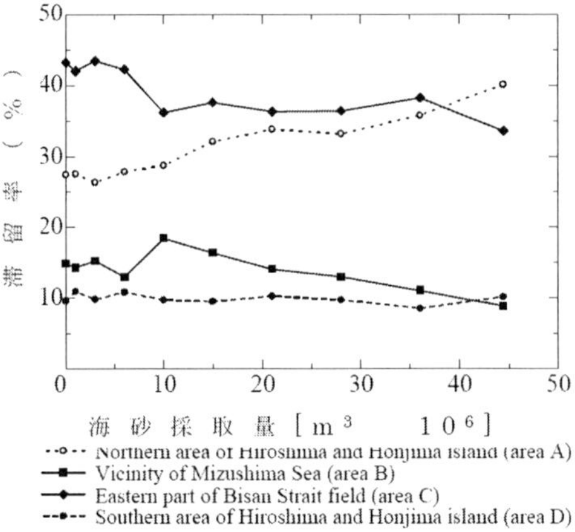

図5-11　海砂採取量と仔稚魚の滞留率変化

送され資源に加入する可能性が高い。水域Ｄも拡散経路であるがここに輸送された仔稚魚はその後、燧灘へ輸送される傾向が強く、資源に加入する可能性は低い。図5-11より水域Ａに滞留する仔稚魚群は海砂採取量が増えるにつれ増加するが、水域ＢおよびＣでは逆に減少することが数値モデルにより示された。これは海砂採取箇所である園の州北部において、海砂採取による水深の増大により残差流成分が海砂採取前に比べ南に最大約35％大きくなり輸送傾向が変化したため、採取前に水域ＢおよびＣに輸送されていた仔稚魚の一部が水域Ａおよび他の水域へ輸送されるようになった為だと考えられる。しかし仔稚魚が輸送された後、資源に加入すると考えられる水域Ａ、ＢおよびＣでは海砂採取前に比べ採取後では全体として滞留率が約17％減少しており、海砂採取による水深の増大がイカナゴ仔稚魚の成育場への輸送量を低下させていることが判った。

4. 漁場造成技術への応用

有用魚類の産卵場から成育場までの輸送機構が解明できるようになれば、失われた産卵場や成育場を取り戻すために、何処にどれだけの規模で漁場造成を行うことが有効かを検討する段階に入る。そのためには、対象海域の特性を把握するための現地観測結果を数値モデルに適用しながら漁場造成を行う適地を選定し、造成規模の検討、使用する漁場施設の決定、造成後の効果のモニタリングを行う必要がある。このような一連の作業を包括する漁場造成システムを構築することにより、これまで以上の造成効果に関する定量的評価が可能となる。香川大学工学部にお

図5-12　水産資源増殖構造物と水理実験状況

いても、瀬戸内海の海域特性に応じた新たな漁場造成システム開発に取り組んでおり、様々な海域における効果の検証を行っている。図5-12に新たな漁場造成施設として開発した「流動制御機能を有する水産資源増殖構造物」を紹介する。瀬戸内海では、赤潮が恒常的に発生している他、灘部では夏季に貧酸素水塊が発生して生物生産過程に悪影響を及ぼし、水産資源の枯渇が懸念されている。我が国では、その対策として人工種苗放流による対象生物資源の増殖事業を実施してきており、いくつかの魚種では成果も上がっている。しかし、岩礁性で潜伏型の魚類では、放流直後の減耗が大きく資源に加入できない状況にあり、即効性のある対応策が求められている。筆者らは、上記の問題に対して、これまでに困難とされていた人工魚礁設置後の影響範囲とその効果について、水理実験および現地実験により解明した。また、産業副産物のリサイクルによる多孔質な構造を持つ生物親和性の高い基質を対象海域に設置し、機能の検証を行っている。これにより、海水の流動環境と底質環境改善および餌料生物環境改善技術の開発を行うと同時に、ガラモ等の藻場造成技術により、人工種苗放流海域における稚魚の保護・育成環境を整え、放流後の水産資源への添加効率の向上を目的として、成果を蓄積している。

5. 防災面への応用

平成18年11月26日に香川県土庄町豊島地先海域で発生したタンカーと漁船の衝突事故に伴う重油流出は、ちょうど収穫時期を迎えていた小豆島沿岸海域のノリ漁業に甚大な被害をもたらした。そこで、数値モデルを用いて流出した重油を粒子として見立て、これらの粒子群が海面のみを漂流するという条件を加えて事故発生地点からの追跡計算を行った。事故当日は、北西の風が卓越しており、計算は、風の条件として西風８m/secの場合と北西風８m/secの場合について検討した。図5-13に示した計算結果から、西風を与えた場合の重油の移動状況（事故発生から48時間後まで計算）は、事故発生地点から東方向へ移動し、小豆島北部沿

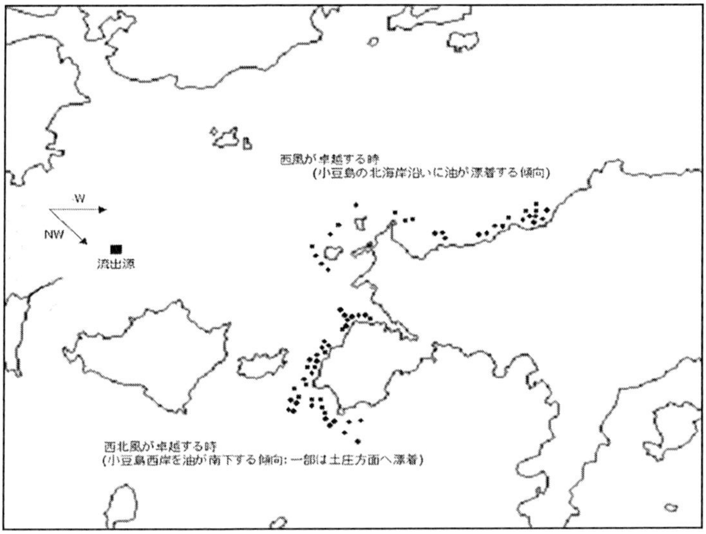

図5-13　タンカー衝突事故により流出した重油の移動計算結果

岸に漂着する傾向が高いことが明確である。一方、北西風を与えた場合は南東方向へ移動し、粒子の一部は、土庄港の湾奥部まで入り込むものが認められ、その他は小豆島西岸を南下する傾向が見られた。これは、玉野海上保安部が事故後に調査した重油浮流、漂着海域の結果と良い一致を示し、計算の妥当性が検証された。

＜おわりに＞

今後、突発的な船舶の衝突事故があった場合には、本モデルによる検討結果を瀬戸内海で養殖漁業に携わる人達へ提供し、重油漂着前に生簀やノリ網の移動、回収作業を行うなどの対応策として役立つものと考える。

最後に、本数値モデルは、海砂採取による海底地形変化が稚魚輸送に与える影響や栄養塩の移動・拡散予測によるノリ色落ち対策、台風発生時の高潮予測、効率的な構造物配置や資源加入力増強を目的とする漁場造成敵地選定、開発行為に伴う流動場の変化および生物環境への影響の定量的評価技術としても活用可能である。

主な参考文献

唐川純一・松村真作（1980）：イカナゴ漁況予報のための既存資料の検討　南西海区水産研究所，昭和54年度南西ブロック内海漁業研究会報，93-107.

日下部敬之・中島昌紀・佐野雅基・渡辺和夫（2000）：大阪湾におけるイカナゴ仔魚の鉛直分布と摂餌に対する水中照度の影響，日水誌，66，713-718.

俵悟（1986）：浅海域における海況変動と漁況に関する研究，J. Shimonoseki Univ., Fish. 34, 8-13.

中田英昭（1995）：風はイカナゴの生き残りにどのように影響するか？，水産海洋研究，59，322-324.

藤原建紀・中田英昭（1992）：瀬戸内海東部海域におけるイカナゴの資源変動—気象・海況との関連—、シンポジウム水産海洋，56，199-200.

藤原正幸・末永慶寛・中田英昭・永澤亨・山田東也（1997）：オイラー・ラグランジュ法によるマガレイ卵・仔魚輸送の数値実験，水産工学 34，147-154.

第6章　里海の保全・利用に役立つ法

中山　充

第1節　瀬戸内海と瀬戸内法

（1）瀬戸内海の特性と利用

瀬戸内海は世界においても比類のない美しさを誇る景勝地であり、また、貴重な漁業資源の宝庫であると、瀬戸内法（瀬戸内海環境保全特別措置法）にその特性が示されている。瀬戸内海の海域は、多数の住民、漁民、事業者により、多種多様に利用されている。

瀬戸内海は複雑な地形を持つ閉鎖性水域である。魚介類の生育の場である広い面積の藻場・干潟があちこちにあり、多数の流入河川によって栄養分が豊富に供給されている。その結果、漁業生産性が極めて高く、海面漁業と養殖漁業がともに盛んに営まれている。

瀬戸内海の多くの海域と陸域は、変化に富み平和にして優美な、わが国を代表する傑出した風景地として、昭和９年に瀬戸内海国立公園に指定された。人々は景観鑑賞、海水浴、魚釣り、潮干狩り、プレジャーボートによる遊漁、ヨット等、多種多様のレクリエーションを楽しむ。他方、巨大船を含む極めて多数の船舶が航行し、入港する船舶の総トン数や港湾での貨物取扱量も多い。

（2）瀬戸内海の環境の現況

（ア）このような利用を内容豊かに持続的に行うためには、海域の良好な環境を保全することが必要である。

瀬戸内海沿岸地域は、1955年以降の経済の高度成長期に重化学工業化が推進された。そのため、海面埋立てによる藻場・干潟の喪失、有機物や有害物質による水質汚濁、油汚染などにより、環境の悪化が進んだ。大規模な赤潮による漁業被害も生じた。漁民・住民の運動が実って1973年に瀬戸内法が制定され、環境保全対策がとられた結果、水質環境などに改善された点も見られる。しかし、全体として、瀬戸内海の環境は改善に向かっているとは言えない状況にある。

有機物や窒素・燐など栄養塩類による汚濁及び赤潮の発生は、最悪期に比べると全体として減少したが、依然として慢性的な汚染状態である。また、近年は環境ホルモンによる汚染が問題になっている。

藻場・干潟は大幅に減少し、近時も消失が続いている。消失の主な原因は、海面の埋立てや海底の浚渫等の人工的な改変である。また、海砂が大量に採取された。プラスチック性ゴミなど廃棄物が大量に浜辺や海底に散乱し堆積し続けている。さらに、産業廃棄物処分場の建設、廃棄物の不法投棄が頻発している。

（イ）漁業生産量は、近年は顕著な減少傾向にある。生物種類数も減少している。上記の環境悪化の結果、生物の多様性が損なわれ、生態系バランスが崩れてきたためと懸念されている。

美しい自然景観と人文景観も失われつつある。自然海岸が減少し、人工海岸の割合が増加してきた。瀬戸内海における自然海岸の割合は、全国平均を大幅に下回る。

（3）瀬戸内海の環境保全対策

（ア）環境を保全するために、環境基本法など環境保全に関する多数の法律と命令が制定されている。それらの法令は一般的に瀬戸内海にも適用される。それに加えて、瀬戸内海の環境を保全するために瀬戸内法が制定され、一般的な環境保全措置にない特別の措置が補充され、また、一般的な措置を変更する特別の措置がとられる。瀬戸内法の適用対象は13関係府県（京都府・奈良県を含む）の瀬戸内海流入河川流域である。

このような法令に基づいて環境保全対策がとられてきた結果、ある程度の改善が得られ、顕著な悪化が止められていると評価できる。また、対策をもっとうまく運用すれば、効果が高まる可能性がある。

（イ）特別措置は、第１に、瀬戸内海環境保全基本計画・府県計画である。政府は、環境保全に有効な施策を実施するために、水質保全、自然環境の保全等に関して基本計画を策定する義務を負う。関係府県知事は基本計画に基づき実施すべき施策について、府県計画を策定する。国・地方公共団体は、計画の達成に必要な措置を講ずるよう努める。一般的な制度について効果的な対応策を明らかにし、特別措置と合わせて環境保全施策を総合的かつ計画的に推進する仕組みである。基本計画は1978年に閣議決定され、府県計画は1981年に策定された。

第２に、事業者は規制対象である特定施設を設置又は変更するとき、関係府県知事の許可を受けなければならない。水質汚濁防止法では知事にその内容を届け出ることを通じて規制を受けるが、それより厳しい規制である。第３に、各工場の排水中のCOD汚濁負荷量の総量を一定量以下に抑える総量規制制度である。第４に、富栄養化による被害発生を防止するために、関係府県知事が指定物質の削減指導方針を作成し、排出者に削減の指導、助言及び勧告を行う制度である。

第５に、公有水面埋立法による海面埋立ての免許・承認にあたって、関係府県知事は瀬戸内海の特性に十分配慮しなければならない。この点につき「埋立の基本方針」が1974年に策定され、埋立ては厳に抑制すべきであるという原則が記されている。第６に、関係府県が条例で海水浴、潮干狩等に適した自然海浜を指定する制度である。その地区で工作物の新築等をする者は府県知事に届け出なければならない。府県知事はその者に保全・適正利用に必要な勧告又は助言をすることができる。最後に、国・地方公共団体が下水道及び廃棄物処理施設の整備等の事業の促進に努めること、国が実施者への財政援助等に努めることなどである。

（４）瀬戸内法に関する課題

瀬戸内法が1973年に臨時措置法として制定された当初は、環境保全措置は水質保全のための排水規制が主要な内容であった。1978年に恒久法に改正されたときに、主に自然景観保全の観点から自然環境の保全の内容が盛り込まれた。さらに、2000年に基本計画及び府県計画が変更され、「保全型施策の充実」、「失われた良好な環境を回復させる施策の展開」及び「幅広い連携と参加の推進」を基本にして、環境保全措置を前進させる多くの内容が加えられた。現在の瀬戸内法は、基本計画・府県計画に海砂利採取の制限などを盛り込むことにより、水質保全と自然景観保全の両面から良好な生態系の維持・回復を十分に考慮して自然環境の保全を図ることが重要であることを強く認識して運用すべきこととされている。

海面埋立てや海砂利採取は、瀬戸内法の運用によってできるだけ抑制しようとされている。しかし、現行の諸制度は、強い需要があれば埋立て等を認めざるを得ないという前提に立つ。良好な生態系を今以上に破壊・撹乱しないためには、生活様式を大きく転換して廃棄物の発生を抑制し、コンクリートに依存する文化から脱却することなどが必要である。それと併行して、海面埋立てや海砂利採取の禁止の原則を瀬戸内法に明示するよう、瀬戸内法を改正することが必要である。

第2節　里海を守り育てる法の役割

（１）海域の総合的管理

（ア）瀬戸内海などの海域の利用が正当とされる法的根拠は、陸域の利用とは大きく異なる。

陸域は、各土地について所有者と認められた人が、一つずつの所有権を持つ。所有権は、「法令の制限内において、自由にその所有物を使用、収益及び処分できる権利」である。所有者以外の人は、地上権などの用益物権や賃借権などの利用権を持つ場合だけ、土地を利用できる。

それに対し、海域は公衆の共同利用に供されている。一般的に国が海域について支配管理する権限を持ち、原則として前記の所有権の対象にならない。一部の海域については、特別に管理者が法律で定められている。たとえば、「公共海岸」は海岸法により都道府県知事又は市長村長が管理者になる。また、都道府県が条例を定めて「一般海域」を管理することもできる。

海域の利用の根拠は、漁業について最もよく整備されている。漁業は原則として各人が自由にできるが、主要な漁業については漁業法により一定の制約が課され、都道府県知事の免許により付与される漁業権や農林水産大臣又は都道府県知事による許可を根拠にして営むことができる。漁業資源の繁殖保護、漁業権等の適切な行使、漁場の使用に関する紛争の防止・解決などを図るため、海区漁業調整委員会等によって漁業調整が行われる。

他方、住民による景観鑑賞、海水浴、遊漁、プレジャーボートなどレクリエーションのための海域利用は、原則として自由であり、個人的な権利を根拠としない。

海域の利用は錯綜しており、対立し合うことが少なくない。したがって、いかなる利用がどの海域においていかなる方法で行われるのが適切かを考慮して調整することが必要であるが、その調整は不十分である。

（イ）海域の利用を内容豊かに、かつ持続的に行うためには、海域の環境を良好なものに保全することが必要である。したがって、第1に、海域利用の調整においては、良好な環境の保全を最優先にした一定の基準により調整するという、海域管理の観点を明確にすることが重要である。第2に、その管理は沿岸域の環境・利用の総合的な管理として行うべきである。山の森に降った雨水が川に集まり海に注ぐというつながりを考慮すれば解るように、海域の環境は陸域の環境と密接に関連している。したがって、海域の環境を良好なものに保全するためには、海域の環境に影響を及ぼす陸域の環境も合わせて、沿岸域の環境を良好に保全するという観点が必要である。第３に、その管理において地方自治体が果たすべき役割が大きい。国も環境を管理すべきであるが、利用者の多数が沿岸地域の住民・漁民である点を考慮すると、利用の調整を地方自治体が図るべき事柄が多い。

瀬戸内海において景観、自然環境及び水産資源を豊かに保ち又は再生するためには、瀬戸内法等による従来の保全措置をいっそう実効的にするとともに、新たに再生・創造のための施策をとることが必要である。それらの具体的、個別的な措置の実施とともに、海域だけでなく陸域を含めた沿岸域を総合的に管理することが必要である。関係府県はそれぞれが措置を行うとともに、協力しあって措置を進めることが必要である。

（２）海洋基本法・海洋基本計画の規定

（ア）このような観点は、2007年制定の海洋基本法に、「海洋の開発及び利用と海洋環境の保全との調和」及び「海洋の総合的管理」という基本理念として明示された。

国は、同法に定める基本理念にのっとり、「海洋に関する施策を総合的かつ計画的に策定し、及び実施する責務」を有し、海洋基本計画の策定その他の基本的施策を講ずるものとされている。沿岸域の総合的管理については、「自然的社会的条件からみて一体的に施策が講ぜられることが相当と認められる沿岸の海域及び陸域について、その諸活動に対する規制その他の措置が総合的に講ぜられることにより適切に管理されるよう必要な措置を講ずる」と定められている。

地方公共団体は、「基本理念にのっとり、海洋に関し、国との適切な役割分担を踏まえて、その地方公共団体の区域の自然的社会的条件に応じた施策を策定し、及び実施する責務を有する」。海洋産業の事業者は、基本理念にのっとりその事業活動を行い、国民は海洋の恵沢を認識し、いずれも、「国又は地方公共団体が実施する海洋に関する施策に協力するよう努めなければならない」。

（イ）国の施策の筆頭に掲げられた海洋基本計画は、2008年３月に策定された。その第２部「総合的、計画的推進に講ずべき施策」において、「里海」の考え方を「水産資源の保存管理」と「海洋環境の保全等」に関する具体的な施策において具現化すると、記されている。

「沿岸域の総合的管理」に関する施策については、「沿岸域における地域の実態も考慮した海面の利用調整ルールづくりの推進、地域の利用調整ルール等の情報へのアクセスの改善、海洋レジャー関係者を始めとする沿岸域利用者に対するこれらの情報の周知・啓発を推進し、適正な利用関係の構築に向けた取組を強化する」と記されている。さらに、「必要に応じ、適切な範囲の陸域及び海域を対象として、地方公共団体を主体とする関係者が連携し、各沿岸域の状況、個別の関係者の活動内容、様々な事象の関連性等の情報を共有する体制づくりを促進する。また、その場において、各沿岸域の課題を明らかにし、適切な対応の方向付けを行うことで、それらの望ましい将来像を実現する取組を促進する。その際、地方公共団体や海洋に関連する各種施設の管理者以外にも、日常的な活動等を通じて有用な情報や知見を有する主体が存在する場合には、それらの参加を得て、情報の共有、連携を図ることが有効である」。「様々な課題の解決のための取組に加え、沿岸域の特性に応じた管理のあり方について、地域の実情も踏まえた必要な検討を行い、管理の内容を明確にした上で合意の形成を図り、適切な措置を講じる」という。

（３）環境管理への住民の参加と現行法規定

（ア）瀬戸内海の良好な環境の保全が推進され適正な利用が確保されるためには、住民・漁民の自発的・積極的な環境保全活動と利用調整の促進が重要である。海洋基本法は、国民は海洋の恵沢を認識し、施策に協力するように努めなければならないと定めている。国が国民に対して行うべき教育・普及・啓発も、そのような役割を前提にしている。

ところで、海域を国と地方自治体が管理するのは、良好な環境状態に保全された海域を、国民・住民が共同で適正に利用できるようにするためである。この観点に立つと、地域住民･漁民の主体性は、もっと積極的な強いものとして扱われなければならない。

このように考えると、海洋基本法の条文は不十分である。環境基本法の条文も同様である。瀬戸内法にも、住民・漁民の主体性を強化する条文はない。海岸法と河川法には、海岸・河川の管理に関する計画の策定に当たって住民の意見を聴くとする条文があるが、住民の主体性が打ち出されているわけではない。

（イ）他方、2002年に制定された自然再生推進法は、自然再生事業を実施しようとする者（地域住民とNPO法人も想定される。）は、全体構想を作成し自然再生協議会を組織して、その協議結果に基づき実施計画を作成しなければならず、自然再生協議会は、実施者のほか、地域住民、NPO法人、土地の所有者等及び関係行政機関・地方公共団体によって構成され、構成員は相協力して自然再生の推進に努めなければならないと定める。

良好な景観の形成促進のために2004年に制定された景観法は、地方自治体が景観計画を策定するに当たって、公聴会の開催等、住民の意見の反映のための措置をとると定め、さらに、良好な景観の形成を図るために必要な協議を行う景観協議会を組織でき、その構成員は協議結果を尊重しなければならないと定める。景観協議会の構成員は、地方自治体、景観整備機構に指定された公益法人・NPO法人等であり、必要に応じて住民や関係団体も加えることができる。関係者が管理協定又は景観協定を締結して景観の管理・保全を行う制度も定める。

これらの法律では、環境管理における住民の主体性が、ある程度認められている。（2）（イ）で紹介した海洋基本計画の記述は、これらと軌を一にする。

（4）里海の観念と環境共同利用権

（ア）海洋基本計画に謳われた「里海」は、瀬戸内海などの環境の保全と再生を図り、海域と沿岸域の総合的管理を推進する理念として、すでに少し以前から主張されていた。瀬戸内海研究会議は、里海を「人の手を加えることによって生物生産性と生物多様性を高く維持する沿岸海域」と定義する。豊かな里海を実現するためには、太く・長く・滑らかな物質循環と豊かな生態系を育むための施策が必要であり、山に発し海に到る流域と沿岸海域全体の環境管理を一体的に行う必要があるという。

里海の観念は、沿岸域について多数の住民・漁民等が共同の利益を持ち共同で利用をすることを前提にする。その海域利用の法的根拠は、漁業権や漁業を営む権利などを除いて、必ずしも明確ではなく、法的保護性が弱いとされがちである。しかし、海域の環境の保全と共同利用、すなわち里海の利用と管理については、住民・漁民の主体性をもっと積極的な強いものに扱うべきである。

（イ）海域・沿岸域の管理は、計画的に企画、実施及び点検・評価を繰り返すことが必要である。その管理について住民・漁民の意見を適切に反映するために、計画策定の段階から住民・漁民の参加を積極的に推進しなければならない。計画を法令に基づくものと定め、海面の埋立てや海域利用行為について誤った決定や管理が行われた場合には、住民・漁民が行政手続き又は訴訟手続きによってそれを是正できるようにすることも必要であろう。環境アセスメント手続きにおいて住民・漁民から出された意見が尊重される保障も必要である。

住民・漁民が行政に積極的に参加し、かつ、適切な判断をするためには正確な情報を得ることが必要である。そのためには、行政が保有する環境情報を積極的に公開すべきであり、住民・漁民が開示を請求する情報については公開する義務を負い、説明責任も負うべきである。

このような内容が確保されるために、住民・漁民が海域の環境を共同で保全し利用する権利、「環境共同利用権」を持つことが認知されるべきである。

（ウ）環境共同利用権の考えは、1970年に提唱された「環境権」を起源とする。環境権は、憲法13条と25条を根拠とすると主張されているが、裁判所は、環境権を環境悪化の差止請求の法的根拠として認めていない。それでも、環境の保全のために住民の主体的行動が必要であり、裁判所の活用が効果的であると考えて環境権を発展させたものが、環境共同利用権である。

環境共同利用権は、共存できる内容と方法で特定の環境を多数の住民が共同で利用する権利である。所有権や漁業権という個人的な権利とは異なり、その内容の決定及び利用において多数の人々の共同を要素とする公共的な権利であるが、権利者各自が自己の利益を保全するために、妨害行為の差止めを訴訟で請求する法的根拠になることが認められるべきものである。特定の海域・地域について権利内容と認められる共同利用の侵害が生じる場合、たとえば、水産動植物の枯渇をもたらす乱獲や藻場・干潟を奪う埋立てが行われる場合、住民・漁民は、漁業権等を持っていなくても、環境共同利用権の侵害を理由に侵害者に対して行為の差止めを請求できる。

権利内容と認められる共同利用の具体的な内容・方法は、多数の人々の意思に基づいて定まり、多くの場合、従来からの慣行によって地域ごとに特定されている。その内容には、共同利用を維持するために守るべき義務も含まれる。このような共同利用権の内容・方法は、立法又は行政手続きによって変更することができるが、多数の権利者の意思に従うべきものであるから、その変更手続きにおいては住民参加が保障されなければならない。行政庁は、共同利用の内容を変更することが妥当か否かを判断するのに必要な情報を住民に公開し、住民の意見を聴取しなければならない。住民から出された意見を尊重することも確保されなければならない。相対立する利益は、このような手続きによって調整されるべきである。

むすび

海域の環境の保全と共同利用について住民・漁民の環境共同利用権の存在が認知されると、豊かな里海を実現しようとする住民・漁民の主体性は、法的に根拠づけられ強いものと認められる。それとともに、海域の環境の価値と共同利用への関心を再喚起し、自発的に豊かな里海を守り育てていく力がいっそう強まるであろう。

環境共同利用権は、豊かな里海の実現を阻害する行為に対して、住民が予防又は排除を請求して訴訟を提起する法的根拠になる。また、行政庁が豊かな里海の実現を目指して環境保全と利用調整のために行う規制などの措置に、法的根拠を与える。

他方、豊かな里海を実現するために住民･漁民が自発的に行う行為は、直接的には法律に基づくものではない。しかし、住民・漁民に情報を提供する体制の整備、住民・漁民相互間又は住民と行政庁等との間の協議の促進、あるいは必要な資金の提供等について、法律の条文により根拠を与えて、住民・漁民の自発的な行為の発展を促進することができる。環境共同利用権は、このような法制度の制定と活用にも大いに貢献すると期待できる。

【主な参考文献】

中山充『環境共同利用権－環境権の一形態－』成文堂，2006年

中山充「豊かな「里海」の実現と共同利用権」香川法学27巻１号，2007年

柳哲雄『里海論』恒星社厚生閣，2006年

「特集　里海としての瀬戸内海」瀬戸内海46号１～23頁，2006年

『瀬戸内海を里海に－新たな視点による再生方策－』恒星社厚生閣，2007年

第７章　浅海域の環境・防災へのITの活用

白木　渡、井面　仁志

第1節　はじめに

生物は、その生命維持及び種の保存のために、非常に優れた情報処理技術を有している。具体的には、図7-1に示す「脳神経細胞の情報処理技術」、「遺伝技術」、「自己組織化技術」、「免疫技術」がある。これらの技術をソフトコンピューティング（生体の知的情報処理技術）という。代表的なものとして、ニューラルネットワーク（NN）、遺伝的アルゴリズム（GA）、セルオートマトン（CA）、免疫システム（IS）などがある。NNはパターン認識、GAは最適化、CAは複雑系のシミュレーション、ISは多様性や変異と選択によるシステムの動的ネットワーク化、という得意分野を有している。これらの技術は、生物科学、脳科学、さらにコンピュータ科学の発展により、市販のパソコンで比較的簡単に利用できる状況にある。

このような技術は、工学を中心に、医学、経済学、社会学の各分野で、各技術を単独あるいは組み合わせて幅広く利用され、大きな成果を上げている。しかし、これまで農林水産分野とくに海域環境や防災分野での利用は少ない。その理由として、これらの分野では域地域性や個別性を有する問題が多く、かつ伝統や経験が重んじられ、新しい考え方や先端技術の導入が困難であったことが挙げら

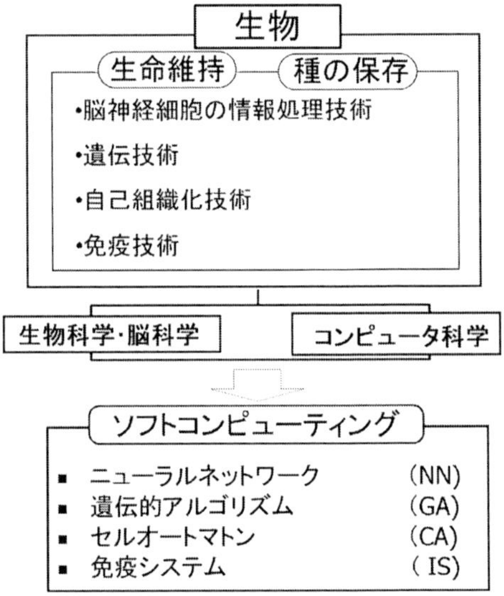

図7-1　生物とソフトコンピューティング関係

れる。しかし、ソフトコンピューティングに代表される新しい情報処理技術は、地域性・個別性の問題が大きく、また計画的かつ組織的に情報の収集・利用・維持管理が実施されにくい浅海域の生産環境や防災分野にこそ必要な技術である。

日本の浅海域は、地域性、個別性が非常に強く、場所がことなれば気候風土が異なり、また海域がことなれば収穫できる海産物が異なる。これらは事実であるが、海域に関する生産情報、それらを取りまく気象等の環境情報、これまでの漁法等々をデータとして整理し、これらの情報をデータマイニング技術である自己組織化マップ（SOM）やテキストマイニング、またマシンラーニング技術を用いて分析・評価して可視化すれば、漁業従事者は自らの漁場について従来知り得なかった新た情報を目にすることが可能になる。その結果、自らの漁場の地域性、個別性について定量的に把握することが可能になり、同時に他との間に共通性の多いことに気づき、他で行われてきた漁法の有効性を認識して活用できるようになる。このように、ソフトコンピューティングを活用すれば、様々な情報形態を加工して提供することができ、様々なニーズに応えることが可能になる。

　ソフトコンピューティングの応用による浅海域の生産環境と防災分野における７つの技術革新技術開発の応用イメージを図7-2に示す。ここでは、その内の「アマモ場の生育環境評価」、「高潮災害シミュレーションシステム開発」及び「汚染物質拡散予測シミュレーション

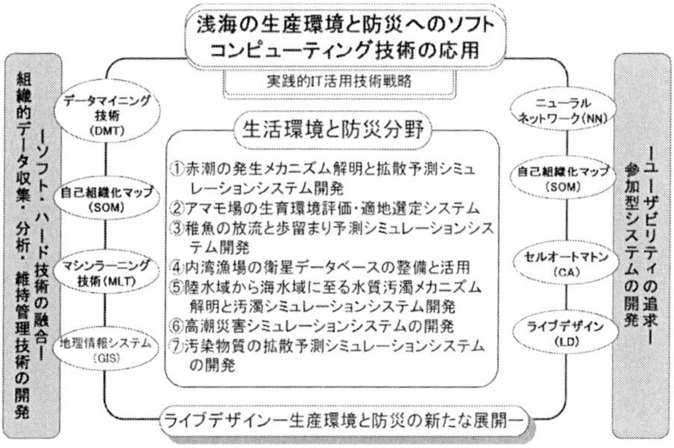

図7-2　浅海域の生産環境と防災分野への
ソフトコンピューティングの応用

システム開発」について紹介し、ソフトコンピューティングの有用性・有効性を示すとともに、浅海域の生産環境や防災分野における技術革新の在り方について述べる。

第2節　自己組織化マップ（SOM）によるアマモ場の生育環境評価

ここでは、屋島湾を対象としてアマモの生長要因を、現時点で調査可能あるいは入手可能なデータを用いて、自己組織化特徴マップ（SOM）により分析･評価する。また、その分析結果の有効性を確認するために、既往の研究で好適とされているアマモの生育条件と比較･検討を行った事例を紹介する。

（１）藻場の海域環境評価システムの開発

SOMとは、人工ニューラルネットワークの一種であり、与えられたデータだけからパターン認識を自己学習によって自動的に行い、パターン間の関係を主に２次元化されたマップとして視覚化し表す機能を有する。

SOMで分析する地点は、図7-3に示す屋島湾の地図上に表示している⑨を除く①～⑰である。ここでは、以下に示す「自然環境要因」12項目、「地理・社会環境要因」６項目の計18項目をSOMのデータとして使用する。

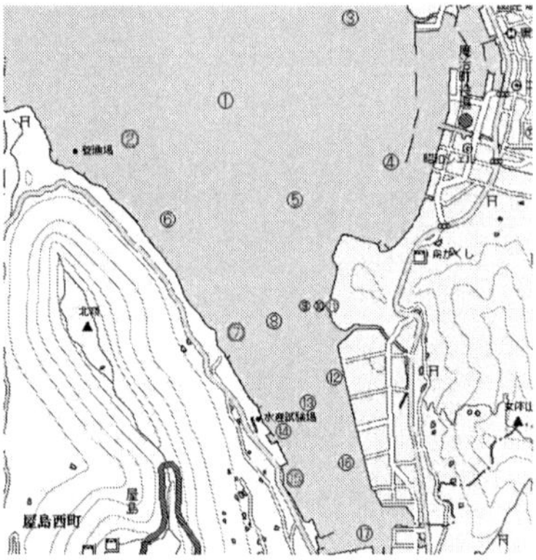

図7-3　屋島湾における観測地点（①～⑰）

１）自然環境要因12項目（水深、照度下降割合、水温、PH、DO、COD、水中光量（底層）、底質（粒径）、底質（シルト含有率）、底質（細砂分）底層流速、シールズ数）

２）地理・社会環境要因６項目（東西寄流れ、住宅、地形（近岸）の特徴、湾口部からの距離［km］、河口部からの距離［km］、最寄りの養殖場からの距離［km］）

（２）SOMによる生育環境の分析結果

クラスター分析結果より、図7-4に示すように３つのグループに分類された。Aグループ（①②)、Bグループ（③⑤⑥⑦⑧⑨⑩⑪⑬)、Cグループ（④②⑮⑯⑰）であり、Aグループは湾口部に近く、底質の粒径が比較的大きく、シルト分が少ない海域であり、Bグループは湾口部からの距離、河口部からの距離ともに３つのグループのうち中央値にあたり、底質の粒径は中砂から細砂である。CグループはNo.４を除き湾奥部に位置し、河口部に近い海域である。

アマモの生息場と無生息場のラベリング図を図7-5に示す。アマモ生息場はNo.２、No.７、No.11、No.15であり、図7-4のクラスター分析結果と比較した結果、アマモの生育の有無とは明確な類似性が見られず、A、B、Cの各グループにアマモの生育場所（湾奥部、湾奥部、湾口部）が配置されており、底質の粒径やシルト含有量などそれぞれ生育環境が異なる条件においてアマモ場が形成されている。

（３）SOMによる生育環境分析（底層の水中光量と底質）

アマモの生育要因としては、水中光量（底層)、底質（粒度)、底質（シルト含有率）等があげられる。ここでは、その代表的なアマモの成育要因である水中光量（底層）に関してのSOMによる分析結果を図7-6に、底質（粒度）に関しての分析結果を図7-7に示す。

図7-6とアマモの有無のラベリング図（図7-5）と比較すると、No.７

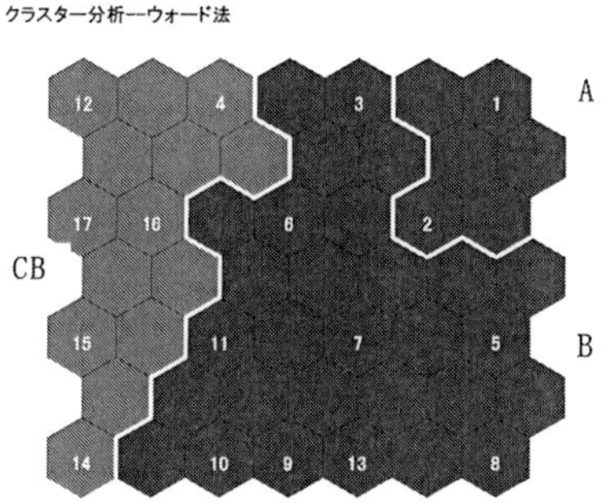

図7-4　クラスター分析の結果

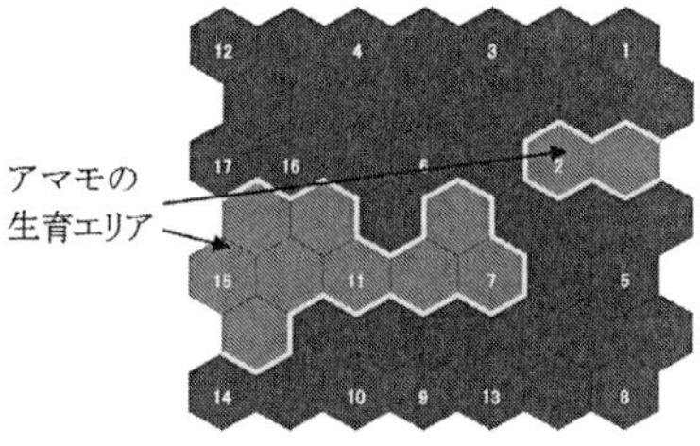

図7-5　アマモの有無による
ラベリング図

以外を除きよく適合しており、対象海域における生育環境要因として水中光量の影響が大きいと判断できる。

さらに、図7-7と図7-5を比較した場合、アマモの成育地点は従来の研究で底層での粒径の制限値とされている0.14～0.39mm内かあるいはその近傍の値となっており、粒径の重みマップがよく適合していることがわかる。

第3節　セルオートマトン(CA)による高潮災害シミュレーションシステム開発

高松市では、2004年の台風16号による高潮の発生により甚大な被害を被った。被害拡大の要因の一つとしては、潮位の上昇が従来の基準で設置されていた堤防の高さを超え、想定外の潮位となったことが挙げられる。このような災害に対応する防災･減災対策には、新たな堤防の設置、堤防の嵩上げ等のハードウェアによる対策が考えられるが、ハードウェアのみで完全に対応するには、費用及び時間的側面から非常に多くの問題が発生する。それ故、ハードのみの対策ではなく、ハードとソフトの両面からの防災・減災対策の実施が重要である。そこで、ここではソフト面の防災・減災手段の検討のために、複雑な現象を簡単な規則で表現できるセルオートマトン（CA）を用いて高潮シミュレーションを行い、人の避難行動や土嚢設置作業を取り入れた高潮防災支援システムの開発について紹介する。

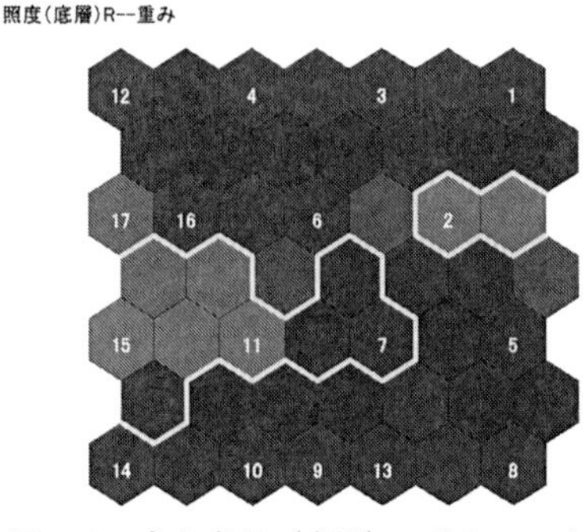

図7-6　水中光量（底層）－重みマップ

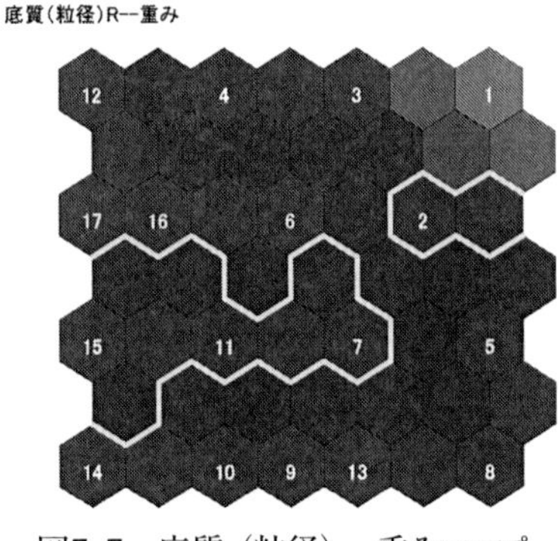

図7-7　底質（粒径）－重みマップ

（1）高潮災害シミュレーションシステムの概要

CAは、局所的な相互作用を繰り返すことによって組織全体が自然に形作られていく、自己組織化現象という特徴を持つシミュレーション手法である。簡単なセル間の相互作用を系全体で繰り返すことによって、複雑な現象を再現することができ、自然界の不規則性を外部からの入力などによるモデルの変更操作を行うことなく再現できる。

本システムは、CAを用い高潮の浸水状況を再現し、そのシミュレーション上にCAを用いて災害時の人の動きを再現することにより、高潮防災支援システムの開発を行った。シミュレーションのモデル化および状態変化の規則について以下に示す。

空間のモデル化は、格子状に区切られたセルをもつ２次元CAを用いて行う。高潮を表すセルは１辺を12.5mとし、水深、標高、土嚢の３状態で表現される。避難を表すセルは１辺を2.5mと設定し、避難者、壁、障害物、移動可能空間などの状態を持つ。なお、シミュレーション時間は、高潮の１stepが実時間の10秒に相当し、避難の1stepが実時間の２秒に相当すると設定した。従って、高潮防災支援システムにおいては、すべてのセルの状態変化が終わる１stepを２秒とし、高潮の状態変化は５stepに１回とした。

高潮の状態は水深、標高、土嚢の３つの高さの合計値によって決定する。移動方向は、現在のセルと周囲８方向の合計値を比較し、一番低い方向へ水が移動すると設定した。この際、合計値が一番低いセルが２方向以上ある場合は、ランダムに１方向の選択を行う。ただし、現在のセルの合計値が周囲８方向のどのセルの合計値よりも低い場合は、水の移動は行わないものとする。この処理をセルの合計値の大きいセルから順に状態変化の処理を実行する。

避難者の移動は、各避難者が持つ視野の中に避難所等の目的物を発見した場合、目的物に向かって移動する。また、避難者の視野に障害物または壁、浸水している場所が存在した場合、それらを回避する行動をとる。視野内に何も存在しない場合は直進する。

(2) シミュレーション結果の検証

高松市サンポート周辺を対象とした900step後（２時間半後）のシミュレーション例を図7-8に示す。この図7-8の結果と図7-9に示す従来の微分方程式を用いた高潮のシミュレーション結果とを比較した場合、浸水域の広がり、水深ともほぼ同様な結果が得られた。このことより、CAを用い高潮を再現することが可能であるとことを確認した。

(３) 高潮災害シミュレーションシステムの活用事例

CAを用いた高潮シミュレーションシステムに、人の避難行動、護岸工事、土嚢設置等の機能を追加すれば、高潮防災支援システムの構築を行うことができる。そして、構築したシステムを用いて防災対策を行った場合と行わなかった場合を比較し、防災対策の検討を行った。その結果を以下に示す。

システム活用事例として、高潮災害後新たに北浜町周辺に設置された防波堤をシミュレーション上に設置し、シミュレーションを実施することにより防波堤の設置前と設置後の高潮の変化の比較検討を行った。図7-10に防波堤設置後のシミュレーション結果、また図7-11に防波堤設置前のシミュレーション結果を示す。なお、シミュレーション結果は実時間の２時間半に相当する4,500step後の状態を示している。

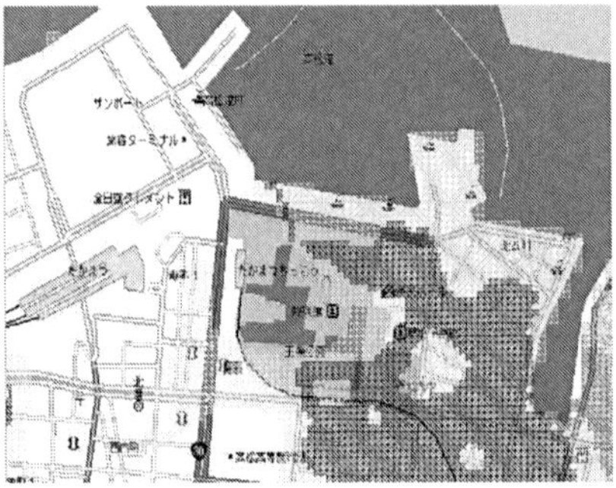

図7-8　CAによる900step後の
シミュレーション結果

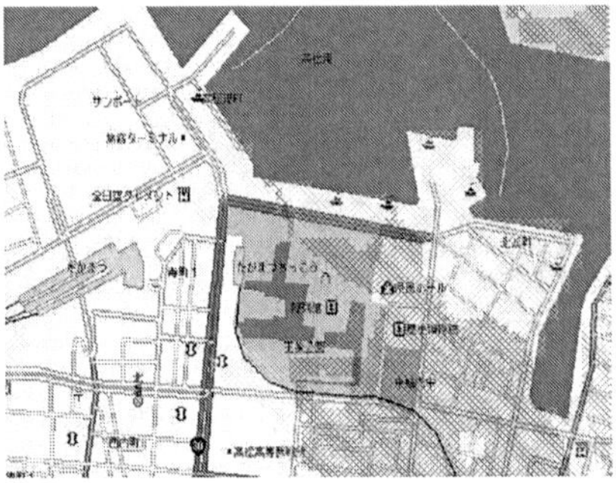

図7-9　従来のシミュレーション結果

図7-10及び図7-11から明らかなように、防波堤の設置により浸水量は、北浜町周辺で20cm程度水深が下がり、水深40cm以上の地域が減少していることがわかる。また、シミュレーション過程より高潮の流入方向が変化することが確認された。防波堤の設置により、浸水する時間が遅くなり、余裕を持った避難行動が可能になり、防波堤の設置の有効性が確認された。

避難者を誘導する避難指示の有無による比較事例を示す。災害発生時に避難誘導者の有効性を確認するために、シミュレーション途中において避難途中の避難者が多く存在する場所に設置を行った。避難者が100組いると設定し、図7-12に以下の３条件における避難者残存数の推移比較を示す。

①全く標識を設置しない場合、②避難者の数が半分になった時に設置する場合、③初期条件として②と同じ箇所に設置した場合、の３ケースである。

図7-12から、シミュレーションの途中で標識を追加した時点より、避難残存者数が減少し避難完了までの時間が大幅に短縮されることがわかる。本システムを用い高潮災害発生時における様々な条件を設定し、シミュレーションを繰り返すことにより、効果的な防災・減災対策の検討を実施することが可能になる。

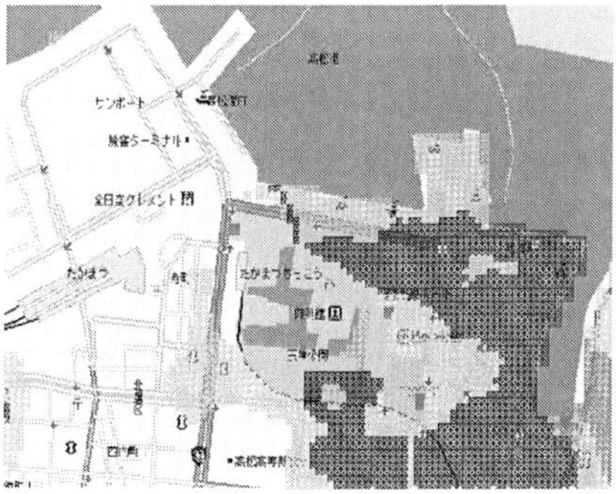

図7-10　防波堤設置後のシミュレーション結果

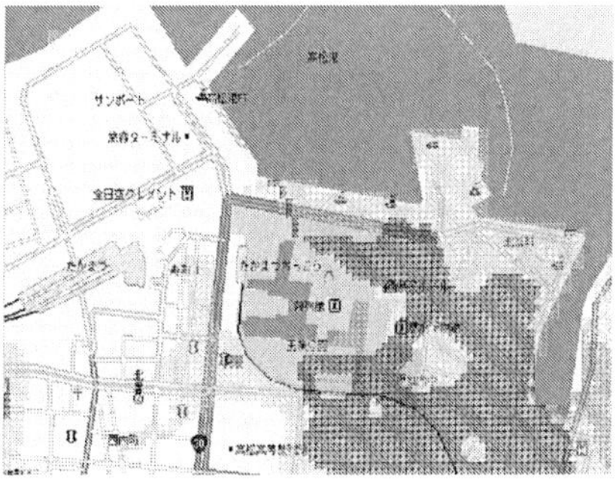

図7-11　防波堤設置前のシミュレーション結果

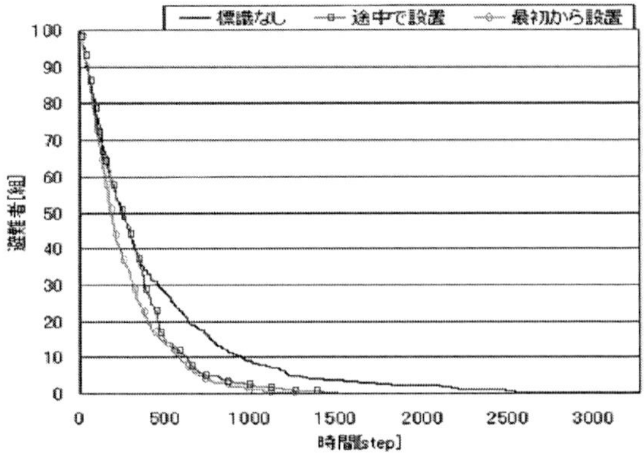

図7-12　標識設置時間の違いによる避難者の推移

第4節　汚染物質の拡散予測シミュレーションシステムの開発

赤潮の発生、重油流出事故、漂流・漂着ごみ等、海域の環境を守るために対策を検討する必要のある課題は数多く存在している。特に重油流出事故においては、対応の遅れが被害の拡大に直接つながり、多大な損害を引き起こしてしまう。そのため、短時間でその拡散状況を予測して効果的な対策をとることが重要である。そこで、ここでは前節にも紹介した複雑現象を短時間で制度良い予測が可能なセルオートマトン法（CA法）を用いて、様々な気象条件や海洋状況の下で重油拡散を予測可能なシミュレーションシステムの紹介を行う。この重油拡散シミュレーションシステムは、CAを用いる事により、風向きや潮の流れなどのシミュレーション条件を変更して重油の拡散が異なる様子を再現することが可能である。さらに、従来の微分方程式を用いたシミュレーションでは再現が難しい、シミュレーションの途中における条件の変更を簡単に行なう事が可能であり、オイルフェンスの展開など災害対策をリアルタイムに再現することができる。このような特徴より、誰でもが簡単に重油事故の被害軽減策の検討を行うツールとして利用することができる。

（1）重油拡散シミュレーションシステムの概要

前節と同様に空間のモデル化は、1辺80mの格子状に区切られたセルをもつ2次元CAを用いてモデル化を行なう。重油の拡散係数は、過去の研究事例より2.5km^2/hとし、シミュレーションの時間は、拡散係数とセルサイズとの関係より、重油拡散の1stepが実時間の1.1152秒に相当すると設定した。重油の移動方向については、シミュレーション海域の残差流マップを用いて決定している。重油移動は、流速と単位セル幅、1step時間との関係より移動確率を算出し、この移動確率により重油粒子の移動量が決定されるものとする。さらに、この移動確率を移動方向毎に隣接するセルに振り分けることにより、拡散の状況を再現している。

（2）過去の重油拡散事故の再現

この重油拡散シミュレーションシステムを使用して、第5章でシミュレーションが行われている、平成18年に発生した、香川県豊島沖重油流出事故を再現した結果（13.5時間後）を図7-13に示す。

このシミュレーション結果は、高松海上保安庁により公表されている

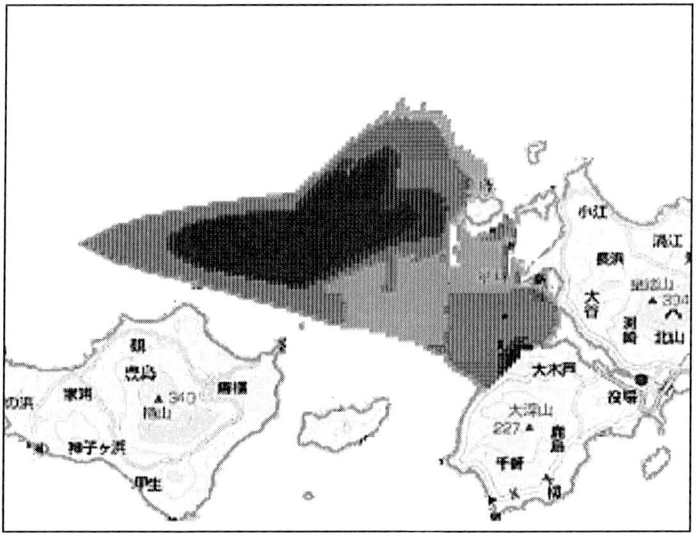

図7-13　豊島沖重油流出事故シミュレーション結果（13.5時間後）

重油拡散マップと比較しても、重油の漂着地点が似ており、重油の拡散状況が正確に再現されていることが確認できる。また、この結果より重油の拡散状況の全体像を視覚的に把握することができ、防災対策の検討を簡単にかつより詳細に行う事ができる。

この重油拡散シミュレーションシステムは、残差流や流速等の海流条件が分かれば他の海域でのシミュレーションを行う事が可能である。さらに、赤潮や漂流・漂着ごみ等の拡散に関しても、それらの移動特性をセルの状態変化の規則化として再現することにより、シミュレーションを行う事が可能となり、様々な海域環境対策の検討ツールとしての可能性を秘めている。

第5節　おわりに

以上、述べてきたように、ここで取り上げたソフトコンピューティング技術は、今後も浅海域の生産環境並びに防災分野における技術革新への新たな展開を可能にするものと思われる。しかし、そのためにまだ解決すべき課題も多い。本稿を閉じるにあたり、その解決すべき課題並びに今後開発すべき周辺・支援技術について以下に示す。

（1）基本データの整備関する問題点

まだソフトコンピューティング等の新しい情報技術を、浅海域の生産環境及び防災分野に活用するために必要な基本的な環境整備が整っていないという問題点がある。特に、基本データの整備が十分行われておらず、モデルを定式化、数値化できない場合が多い状況にある。また、農林水産分野は、工学分野と異なり数値表現が難しい場合が多いという問題点もある。農林水産分野へ工学的な手法を導入しようとする場合は、現場で得られた数値化が困難なデータを工学で解析できるデータに変換する技術が必要である。

この問題を解決する一つの手法として、自己組織化マップ（SOM）、テキストマイニング、マシンラーニングの手法がある。言葉や文章で表現されたデータや感性的表現等の数値化しにくいデータを数値化し、その中から共通する意味構造を見いだす手法である。これらの技術もソフトコンピューティングの重要な技術である。また、光センシング技術等、各種センシングの開発が進んでおり、これらの技術を活用すれば、これまで収集できなかった現場のデータが取得可能で、しかも数値化できるというメリットがある。

（２）現場への適用上の問題点

ソフトコンピューティング等を用いた評価、分析を実施したとしても、その結果は限定された側面に関しての分析・評価であり、現場ではそのまま適応することが困難な場合が多いという問題点が指摘されている。この問題点を解決して、得られた結果を個別問題への適用可能にする方法の検討が必要である。この問題の解決法として、２つの方法が考えられる。

１つは、解析・評価すべき問題を初めから限定されたミクロな問題として捉えるのではなく、大きな枠組みでマクロに捉えてパターン化する方法である。この手法を支える技術としては、データマイニング、SOM、マシンラーニングの手法が有効である。その後に、限定された分析・評価結果をパターン化された各グループに配置し、NNの一種であるGMDH（発見的データ分析法）やCAを用いて、各グループの一般化法則を見いだすという方法である。

２つ目の方法はその逆の考え方で、先ず限定された解析・評価結果であるミクロな事例を全国的に集積してデータベースを構築し、そのデータベースからSOMやマシンラーニング技術を用いてマクロな特徴を抽出して、いくつかのパターンに分類する方法である。そして、その分類された各パターンにおいて、さらに各種条件を変更して解析例を追加していけば、個別の特徴を有する問題に対応可能になる。

参考文献

農業農村整備のための実用新技術成果選集（H16，H17）

農業工学研究所研究成果情報（H14～H16）

共通基盤研究成果情報（H14～16　共通基盤試験研究推進会議・中央農業総合研究センター）

（交付金プロジェクト）「未来型軽労化農業技術確立のための基盤技術開発に関する総合研究」「軽労化農業」研究成果集第Ⅲ期（平成15年３月（独）農業技術研究機構・中央農業総合研究センター）

交付金プロジェクト「消費者に信頼される生産体制を支える畑密畑作農業技術の開発」平成16年度技術評価会議資料（平成17年３月14-15日（独）農業・生物系特定産業技術研究機構・中央農業総合研究センター）

T.コホネン，自己組織化マップ，シュプリンガー・フェアラーク東京，2003

加藤恭義・光成友考・築山洋，セルオートマトン法 －複雑系の自己組織化と超並列処理－，森北出版株式会社，1998年

森下信，長谷川純一，中野孝昭，築山洋，セルラオートマトン法による拡散現象の解析，1998.

高松海上保安庁HP　豊島沖船舶衝突事故情報，2006.

執筆者紹介　所属、専攻分野

多田　邦尚

香川大学農学部生物・化学海洋学

一見　和彦

香川大学瀬戸内圏研究センター浅海生産環境学

東江（野村）美香

香川大学農学部植物栄養学

山田　佳裕

香川大学農学部生物地球化学

末永　慶寛

香川大学工学部水圏環境工学、海洋工学、水産工学

中山　充

香川大学・愛媛大学連合法務研究科法律学（民法学・環境法学）

白木　渡

香川大学工学部信頼性工学、防災工学、感性工学

井面　仁志

香川大学工学部信頼性工学、感性工学、ソフトコンピューティング

瀬戸内海の浅海環境

2009年12月14日　初版
2020年８月24日　再版

編　　集　香川大学大学教育開発センター
　　　　　〒761-8521　香川県高松市幸町１－１

発 行 所　株式会社　美　巧　社
　　　　　〒760-0063　香川県高松市多賀町１－８－10
　　　　　TEL 087-833-5811　FAX 087-835-7570

ISBN978-4-86387-123-6　C1045